Elisabeth Heller

W0086762

Clan Value

*So machen Sie aus Ihrem Unternehmen eine Familie
und aus Ihrer Familie ein Unternehmen*

Econ

Inhalt

Das große Tor
Jedem sein Clan.

Die erste Tür
So funktioniert der Clan.

Die zweite Tür
So wächst der Clan.

Die dritte Tür
So gedeiht der Clan.

Die vierte Tür
Zoff! Die Kehrseite der Medaille.

Die fünfte Tür
Im Trainingsraum.

Anhang

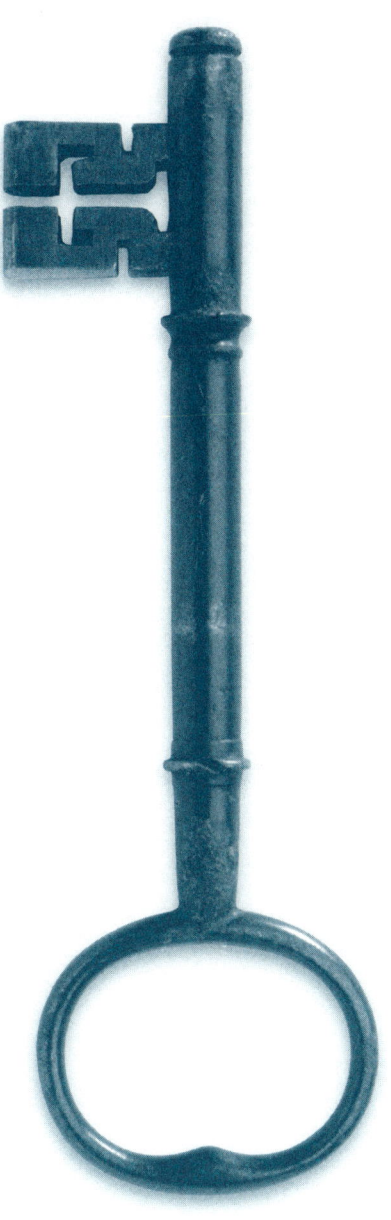

Am Anfang

Clan Value – ein Vorwort.

**Die Lehre meines Lebens:
Ich bin nichts ohne meinen Clan, mein
Clan ist nichts ohne mich.**

Ein klares Wertesystem. Zusammenhalt. Geborgenheit. Sicherheit. Dazu noch eine Prise Glück, einmal gut durchschütteln, und der Erfolg wird nicht lange auf sich warten lassen.

So weit, so naiv.

Als ich mich vor bald 20 Jahren daran machte, mein eigenes Unternehmen zu gründen, hatte ich all diese Begriffe als Komponenten meines zu entwickelnden Geschäftsmodells im Kopf. Ich wollte erfolgreich sein, dabei aber fair bleiben. Ich wollte Geld verdienen, dabei aber für meine Geschäftspartner glaubwürdig und berechenbar sein. Ich wollte meinen Ideen und damit auch meinem Unternehmen zum Durchbruch verhelfen.

11

Und gleichzeitig sollte bei all dem nicht die Ellenbogenmentalität zu meiner Leitphilosophie werden. Ich wusste also ziemlich genau, was ich wollte. Noch nicht ganz so klar war mir, wie ich all das erreichen konnte.

Heute, viele Erfahrungen später, weiß ich: Was immer ich erreicht habe, verdanke ich meinem Clan.

Nichts wäre ich ohne meine Partner, ohne meine Mitarbeiter, ohne meine Familie, ohne meine Kunden. Kein Risiko hätte ich so bereitwillig eingehen können ohne all jene Sicherheiten, die aus meinem eng geknüpften Beziehungsnetz erwachsen – aus Freundschaften und Partnerschaften, aus Verbindlichkeiten und Vertrauen, aus kleinfamiliärem Rückhalt und großkalibriger Hilfsbereitschaft.

Heute weiß ich auch, dass Familie und Unternehmen zwei Seiten derselben Medaille sind. Dass mein Betrieb zur Familie gehört. Und meine Familie zum Betrieb. Dass ich als Unternehmerin, als Mutter, als Tochter, als Schwester erfolgreich, stark und zuverlässig sein kann, weil ich meinen Clan schützend um mich weiß. Weil ich mich geborgen und notfalls auch abgeschirmt fühle. Weil ich mich auf Lolo Pitzal verlassen kann: Sie ist meine Schwester und zugleich jene Anwältin, der ich und meine Mitarbeiter am meisten vertrauen. Weil ich weiß, dass Hans Spann zu mir hält, wie es ein Bruder tun würde – obwohl er nicht mit mir verwandt ist, sondern seit langen Jahren unser Senior Consultant und einer der wichtigsten Netzwerkpartner. Weil ich meine Freundin und Partnerin Madhu Einsiedler so gut kenne, dass ich mich ihr seit Jahren ohne Bedenken auch in heikelsten Situationen anvertrauen kann wie einer erwachsenen Tochter.

Kurz: Ich habe verstanden, dass mein Unternehmen erfolgreich ist, weil es funktioniert wie eine erweiterte Familie, wie ein Clan eben. Es bindet meine Blutsverwandten ein, bietet aber auch meinen zahlreichen Geistes- und Wahlverwandten

Raum zur Entfaltung ihrer Kreativität.

Auf diesem Wissen baue ich seither auf. Ganz bewusst führe ich meinen eigenen Betrieb und auch meine Familie heute nach jenen Regeln, die wir alle als Heller-Clan im Lauf der Jahre gemeinsam entwickelt haben.

Diese Regeln sorgen dafür, dass wir einander mit Respekt begegnen. Dass wir uns gegenseitig motivieren. Dass wir mit viel Leidenschaft für unsere Kunden arbeiten. Dass wir ebenso leidenschaftlich aber auch die Pflege und den weiteren Ausbau unseres Clans betreiben.

Wir haben uns auf einen klaren Verhaltenskodex geeinigt. Damit stellen wir gemeinsam sicher, dass jeder von uns angstfrei seine Aufgaben in Unternehmen und Familie erledigen kann. Wir kümmern uns aber ebenso darum, dass diese Regeln auch in den Außenbeziehungen Bestand haben. Kunden, die einen oder eine von uns nicht diesen Leitsätzen entsprechend behandeln, werden sanft auf Kurs gebracht. Oder, im ganz seltenen Ausnahmefall, ebenso sanft wieder aus dem Kreis unserer Kunden ausgeschlossen.

Mit diesem Modell haben wir im Heller-Clan einen Weg gefunden, der uns auch in wirtschaftlich schwierigen Zeiten unserem Ziel näher bringt: Wir wollen bei all unseren gemeinsamen Unternehmungen erfolgreich sein. Zu dieser Regel gibt es nur eine einzige Einschränkung: Wir wollen das, was wir tun, auch mit Freude tun.

Dass dies im heutigen Wirtschaftsleben – zurückhaltend formuliert – kein allgemein gültiges Ziel ist, ist mir bekannt: Weithin steht das Prinzip Profit einsam an der Spitze der Prioritätenliste; weit abgeschlagen rangieren so genannte weiche Faktoren. Werte etwa. Oder Visionen.

Mir ist auch nicht entgangen, dass die egozentrierten Modelle der Geschäftsorganisation immer noch von vielen als der Weisheit letzter Schluss verstanden werden.

Ich sehe, dass die Entwicklung der Unternehmenswelt heute stark geprägt wird von den Geschäftspraktiken der internationalen Konzerne, obwohl der allergrößte Anteil der Unternehmen heute in der Form des Familienbetriebes geführt wird.

Ich weiß, dass immer mehr Menschen ihrer beruflichen Tätigkeit im Rahmen einer einsamen und schutzlosen Ich-AG nachgehen.

Und aus eigener, bitterer Erfahrung kann ich schließlich bestätigen, dass Familien zerbrechen. Immer häufiger werden sie fortan als Haushalt mit nur einem Erwachsenen geführt.

Genau deshalb, weil ich weiß, dass die Dinge so sind, wie sie sind, will ich dagegenhalten.

Weil ich sehe, dass Familienbande allein heute oft nicht mehr stark genug sind, will ich Ihnen auf den folgenden Seiten das Modell des Clan Value als eine besonders tragfähige Alternative anbieten.

Weil ich bei meiner Tätigkeit als Unternehmensberaterin immer wieder erfahre, dass kleine Familienbetriebe oft mit ähnlichen Problemen konfrontiert sind wie die lokalen Units global agierender Konzerne, kann ich das Clan-Konzept hier als nahezu universell umsetzbar präsentieren: Nicht nur dem Klein- oder Mittelbetrieb eröffnen die Strukturen des Clans neue Welten. Auch Wohltätigkeitsverbände oder Fußballvereine, After-Work-Organisationen wie die Rotarier oder politische Parteien können – sofern sie eine Vision und das Prinzip der Ehrlichkeit teilen – nach den Clan-Prinzipien organisiert und geführt werden. Die Größe eines Unternehmens ist dabei nicht relevant; wichtig ist zuerst der Wille, etwas Besonderes, etwas Einzigartiges zu schaffen.

Aus all diesen Gründen ist dieses Buch als Handlungsanleitung und Wegweiser für Menschen mit unterschiedlichsten Ansprüchen konzipiert: Es beschreibt Entwicklungsschritte hin zur Clan-Struktur, die einfach, zielorientiert und schnell umsetzbar sind. Es bietet eine Fülle an Soft facts, die bei der traditionellen Unternehmensberatung gern vernachlässigt werden. Kategorien wie Mut, Hoffnung, Zivilcourage oder Experimentierfreude sind beim Realisieren des Clan Value so wichtig wie die Luft zum Atmen.

Schließlich ist das Buch auch als Anstoß für einen gesellschaftspolitischen Diskurs zu lesen: Wo der Shareholder Value immer stärker in der Sackgasse der Arbeitsplatzvernichtung mündet, lässt sich der Clan Value als Sinn stiftender und Arbeit schaffender Ausweg gestalten. Wo die Menschlichkeit zu kurz kommt, weil anonymes Kostenmanagement Religionscharakter angenommen hat, bietet sich der Clan als Heimat an: Wo der Mensch mehr Zeit mit seinen Arbeitskollegen als mit seinen Kindern verbringt, dort wird es für den Unternehmer geradezu zur Pflicht, den Mitarbeitern eine Heimat zu schaffen, eine Umgebung, die animiert, eine Atmosphäre, die zu Höchstleistungen anspornt.

In diesem Sinn ist dieses Buch eine Aufforderung an Sie, kreativ zu sein. Experimente zu wagen. Unkonventionelle Wege zu gehen. Solange Sie auf die Sicherheiten des Clans bauen, können Sie sich getrost auch auf ungesicherten Routen bewegen und in bislang unerforschte Regionen vordringen.

So, wie Sie auf Ihrem Lebensweg immer wieder Tore und Türen öffnen, um zu neuen Herausforderungen, Chancen und Möglichkeiten vorzudringen, so lassen sich auch die folgenden Kapitel wie Räume begehen. Sie können dabei das große Tor aufstoßen, um sich anschließend Raum für Raum in der vorgegebenen Reihenfolge anzueignen. Sie können sich aber auch einfach treiben lassen und erst einmal eine beliebige Tür öffnen. Was Sie dahinter finden, wird Sie inspirieren und animieren, immer weiter zu gehen. Auch über das Buch hinaus.

Welchen dieser Wege Sie auch wählen – folgen Sie mir! Dann öffnet der Clan Value auch Ihr Tor zum Erfolg.

Der erste Schritt

Eine Einführung in das Prinzip des Clan Value.

Clan, der: eine eingeschworene Gemeinschaft von Menschen auch unterschiedlicher Herkunft, die ein ökonomisches Ziel gemeinsam verfolgen und einander darüber hinaus vielfältig verbunden sind.

Clan Value, der: vom Clan geschaffener Mehrwert; erwächst durch das konsequente Einbinden von Mitarbeitern, Verwandten, Freunden, aber vor allem auch von Geschäftspartnern, Kunden, Lieferanten und Dienstleistern in den Clan.

Warum Sie wissen wollen, wie der Clan Value auch Ihnen auf die Sprünge helfen kann.

Glückwunsch. Sie haben es geschafft, der erste Schritt liegt hinter Ihnen. Sie haben sich auf den Weg gemacht. Und was immer Sie auch suchen, es ist gut möglich, dass Sie es hier finden. Vom Clan Value profitieren Menschen in ganz unterschiedlichen Lebenslagen.

Ich werde Ihnen daher in diesem Buch Unternehmerinnen und Industrielle vorstellen, Angestellte, eine Bäckerdynastie und eine Filmemacherin, Musiker und Steuerberater, Weinbauern, Architekten, Manager, einen Schneider, eine Schuhmacherin und viele andere mehr. Es sind unterschiedliche Menschen mit verschiedenen Berufen, in unterschiedlichen Lebenslagen. Menschen, die ihren Clan gefunden haben und die Sie anregen können, einen Clan zu suchen oder einen zu begründen. Menschen, die Ihnen vielleicht helfen werden, Ihren eigenen Weg zu gehen.

Warum Sie suchen, weiß ohnehin niemand so gut wie Sie selbst. Ganz gleich, ob Sie es tun, weil Sie nicht zufrieden sind, mit dem was Sie haben, oder Sie die Vermutung beschleicht, dass das Leben noch mehr zu bieten hat. Sicher ist jedenfalls, dass Sie mit Ihrer Suche nicht alleine sind. Das können Ihnen Fachleute ganz unterschiedlicher Herkunft bestätigen – ob Psychotherapeuten, ob Meinungsforscher, Pastoren oder Wissenschafter, sie alle sind von Berufs wegen mit Suchenden beschäftigt.

Einer dieser Experten, der Schweizer Soziologe Peter Gross, hat in den frühen neunziger Jahren mit einem wichtigen, gleichlautenden Buch darauf hingewiesen, dass wir in einer »Multioptionsgesellschaft« leben. An den Anfang seiner so unterhaltsamen wie ausführlichen Analyse hat er den Werbespruch von Toyota gestellt: »Nichts ist unmöglich«.

Gross nimmt sich die Verheißungen des Fortschrittsgedankens vor. Er untersucht die Folgen des unendlichen Begehrens nach »Mehr« – nach dem noch Besseren, dem noch Größeren, dem noch Schöneren. »Die Philosophen«, so schreibt er, »haben die metaphysische Heimatlosigkeit, die Soziologen die Orientierungslosigkeit, die Psychiater das existenzielle Vakuum und die Kulturkritiker die geistige Verwahrlosung beschworen. Angesichts der multiplen Optionen einerseits und der verblassten Selbstverständlichkeiten andererseits, tut sich in der Tat eine

Leere auf, die den Menschen von heute immer wieder auf sich selbst zurückwirft, zurückverweist.«

In diesem Vakuum suchen viele von uns nach sich selbst und versuchen ihre Potenziale zu entfalten. »Nichts ist unmöglich«, so hieß es bei Toyota 1986. Heute, zwanzig Jahre später, heißt das Motto: »Alles ist möglich«. Und »Nix ist fix« würde der Wiener angesichts des unaufhaltsamen Verschwindens aller Selbstverständlichkeiten hinzufügen.

Die unzähligen Möglichkeiten und Freiheiten bringen eben auch die Unsicherheit darüber mit, welche Wege bei der eigenen Lebensgestaltung die optimalen sind. Die Wahl wird zur Qual. Was aber tun?

Meine erste Empfehlung, ganz ungeschminkt und ganz direkt: Gründen Sie einen Clan! Suchen Sie sich einen Clan! Organisieren Sie Ihr Unternehmen, Ihre Abteilung, Ihren Verein wie einen Clan! Profitieren auch Sie vom Clan Value!

Warum Sie dieses Buch jetzt gerne zuklappen würden. Und warum Sie trotzdem weiterlesen sollten.

Clan? Einen Clan gründen? Einen Mafiaclan? Einen Kriegerclan? Wie die Warlords im Irak, in Afghanistan und den zahllosen Kriegs- und Krisengebieten dieser Welt?

Clan Value? Welchen Wert sollte ein Clan haben? Wie sollte ein Mensch heutzutage von einer derart archaischen Idee profitieren können?

Ihre Zweifel sind begründet. Einerseits. Den Clan gibt es in Denver, wo er in Öl und viel Ärger macht. Es gibt ihn auf Sizilien und in Neapel, wo er übel beleumdet ist. Es gibt ihn in

Tschetschenien und von daher auch in unseren Zeitungen, wo dann von der »Tschetschenisierung« dieser oder jener Sache zu lesen ist. Was, und da bin ich auch ganz bei Ihnen, nichts Gutes ist.

Aber andererseits: So simpel ist die Sache nicht. Wo auf den ersten Blick alles schwarz oder weiß erscheint, werden die Grautöne besonders interessant.

Und so werden wir – sensibel und mit einem gut entwickelten Sinn für Recht und Ordnung ausgestattet – womöglich auch im Mafiaclan noch wertvolle Anregungen finden. Bei Pauli »Walnuts« Gualtieri vielleicht, dem »Underboss« von TV-Mafia-Chef Tony Soprano. Pauli, ein Ausbund an Loyalität, würde für seinen Chef alles tun: »Wenn der Boss der Familie sagt, du bist der Weihnachtsmann, dann bist du auch der Weihnachtsmann.« So könnte mich Pauli glatt dazu verführen, das heikle Thema »Loyalität im Clan« gleich hier anzugehen. (Was ich, der guten Ordnung halber, natürlich nicht tue; stattdessen darf ich Sie auf Kapitel 4 verweisen.)

Anregungen zum Clan finden wir auch bei einem ersten, kurzen Blick in die wissenschaftliche Literatur. Dort versteht man den Clan in aller Regel erst einmal als einen Nachkommenverband gemeinsamer Abstammung. In der Anthropologie etwa werden kleinere, auf Verwandtschaft beruhende Verbände als Clan bezeichnet. Die nächstgrößeren Einheiten nennen die Anthropologen Stämme und Ethnien.

Zur Suche nach den Wurzeln des Clans gehen wir am besten gleich einmal in eine Bibliothek. Der Einfachheit halber vielleicht in die wunderschöne Nationalbibliothek zu Wien.

Dort finden wir auch ehrwürdigere Beispiele für den Clan als die geld- und rachsüchtige Carrington-Dynastie aus Denver. Beispiele, die uns von den Stärken des Clanmodells berichten. Beispiele, die auch seine Nachteile analysieren, aber so, dass wir daraus lernen können. Beispiele, die ich Ihnen in diesem

Buch immer wieder in Form kleiner Einschübe präsentieren möchte: Diese Einträge aus meinem Zettelkasten sollen anregend wirken, zu weiter gehender Lektüre verführen, Kurzweil verbreiten oder einfach nur einen lehrreichen Blick in die ruhmreiche Vergangenheit großer Unternehmerclans bieten.

ZETTEL KASTEN

Klan, Clan (engl.): alltagssprachlich meint Klan jene Familien, die untereinander ein großes Zusammengehörigkeitsgefühl haben, sich gegenseitig wirtschaftlich und politisch stützen, dabei meist Macht ausüben und, um diese in der Familie zu erhalten, Familienmitglieder in politische Positionen und Ämter bringen.

(Gerd Reinhold (Hg.): Soziologielexikon, Oldenbourg, München 2000)

ZETTEL KASTEN

Eine gängige Klassifizierung indianischer politischer Organisationsformen ist die nach Familien, Klans, Bands, Stämmen und Häuptlingstümern. (...) Klans sind matri- oder patrilineare Blutsverwandtschaftsgruppen, deren Wohnsitz sich nicht nur auf ein Territorium beschränkt. Klans umfassen mehrere Familien, die ihre Herkunft von einem gemeinsamen Ahnen herleiten. Bekannt ist das matrilineare Klansystem der *Irokesen*, in dem die eigentliche politische Entscheidungsgewalt bei den Klanmüttern lag, welche die politischen Führer, denen die politische Tagesarbeit oblag, abberufen konnten, wenn sie mit deren Amtsführung nicht einverstanden waren. Allerdings mussten sie dabei bestimmte Regeln einhalten. Häufig haben die Klans gesellschaftliche Aufgaben für den Stamm zu übernehmen. So kennen die Chippewa fünf für das Überleben des Stammes zentrale Bereiche: Führung und Leitung, Nahrungsbeschaffung, Verteidigung, Erziehung und Unterweisung und schließlich das Heilen. Für jeden von ihnen waren bestimmte Klans zuständig.

(Werner Arens; Hans-Martin Braun: Die Indianer Nordamerikas. Geschichte, Kultur, Religion, C. H. Beck, München 2004)

21

Nach diesem kleinen Vorspann nun aber zum Kern der Sache: Ich will Ihnen mit diesem Buch den Clan als alternative Organisationsform in Zeiten zerbröckelnder Familien- und Wirtschaftsstrukturen anpreisen.

Ich tue das, weil ich überzeugt bin, dass wir im Clan – auch wenn er auf den ersten Blick überholt scheinen mag – ein zukunftsweisendes Modell des Zusammenlebens und vor allem des Zusammenarbeitens finden werden.

Ich schreibe über den Clan, weil ich weiß, dass die geistesverwandten Mitglieder eines selbst geschaffenen Clans überall dort zur stärkenden *support group* heranwachsen können, wo die genetische Familie nicht mehr hält, was sie verspricht.

All jenen, die das Dasein in ihrer Ich-AG oder als Einzelkämpfer in einem Großraumbüro als zu egozentrisch, als zu einsam oder zu riskant empfinden, wird sich durch das Clan-Konzept ein reiches Universum an Wahlverwandtschaften eröffnen.

Da bin ich ganz sicher, denn ich spreche aus Erfahrung.

Warum der Clan Value für (fast) jeden etwas bereithält.

Ich bin Unternehmerin. Und ich habe gelernt, dass Unternehmer und Manager mitunter die Einsamkeit ihrer Rolle zu spüren bekommen. Anders herum: Ich weiß, dass auch Sie dann und wann unter dieser Einsamkeit leiden. Dass Sie sich in Ihrem Unternehmen viel zu selten ehrlich und offen austauschen können. Dass Sie vielleicht auch Angst haben, Ihre Schwächen transparent zu machen. Dass Sie, täten Sie dies, um Ihren professionellen Ruf fürchten müssten.

Ich bin Arbeitgeberin. Und ich treffe immer wieder neue,

ganz normale Menschen: junge, die Arbeit suchen. Oder die
mit 27 Jahren schon am Burnout-Syndrom leiden. Oder solche,
die mit Mitte 30 noch orientierungslos sind. Ich begegne Menschen, die gebildet und ausgebildet mit 45 keinen passenden
Arbeitsplatz mehr finden oder die unter den katastrophalen
Fehlern ihrer Vorgesetzten leiden. Menschen, die ihr Arbeits-
verhältnis als ein belastendes Abhängigkeitsverhältnis erleben,
das sie nur ohnmächtig hinnehmen können.

Ich bin Privatmensch. Also Partnerin, Freundin, Mutter,
Tochter und Schwester. Immer wieder lerne ich Menschen kennen, die unter zerbröckelnden Familienstrukturen leiden oder
deren Ehen bereits zerbrochen sind. Die den Glauben in Staat
oder Kirche zu verlieren drohen. Die in keinem Freundeskreis,
keinem Verein und keiner Gemeinde mehr Halt finden. Menschen, denen es an Harmonie fehlt. Menschen, die keine Boden-
haftung, keine Erdung, keine Verbundenheit mehr empfinden.
Menschen, die nicht so recht wissen, welche Werte ihnen noch
wichtig sein sollen.

Ich bin Frau. Frau mit Leib und Seele. Zu meinem Glück
gehört, dass in meiner Familie Werte wie Selbständigkeit, Unabhängigkeit, Freiheit immer für beide Geschlechter gleichermaßen gültig waren. Weil ich diesbezüglich privilegiert aufgewachsen bin, ist mein Sensorium für die Lebensbedingungen
anderer Frauen geschärft: Ich weiß, dass sehr viele Frauen hart
um Anerkennung ringen müssen. Dass sehr viele Frauen ihre
Kraft und Energie einsetzen müssen, um sich aus tradierten
Verhaltensmustern zu befreien, um den Ballast ihrer Vergangenheit abzuwerfen.

Ich bin Beraterin. Unternehmensberaterin. In dieser Rolle
kann ich meinen Erfahrungsschatz, der sich in all diesen Le-
bensbereichen anhäuft, am intensivsten nutzen. Meine Kunden
erwarten von mir, dass ich Erfahrungen in Lösungsansätze um-
wandle. Dass ich aus Lebenspraxis eine Handlungsanleitung

formuliere. Dass ich ihnen zum Erfolg verhelfe. Sie erwarten also, dass ich auf Fragen antworte.

Ich treffe Menschen – Selbständige, Mitarbeiter von kleinen und großen Unternehmen, Männer, Frauen und junge Menschen, die sich entfalten können, sich wohl fühlen, die Balance zwischen Karriere und Familienleben geschafft haben. Denn sie haben einen Clan um sich.

Sie wollen wissen: Welche Unternehmen können vom Clan Value profitieren?

Große und kleine. Die mittleren natürlich. Vereine und andere Organisationen erst recht. Und auch einzelne Abteilungen eines Unternehmens lassen sich entsprechend organisieren. Was flapsig klingt, ist doch ernst gemeint: Nicht die Größe des Unternehmens ist wesentlich, sondern die Offenheit derer, die es führen und prägen. Einen Clan zu gründen erfordert zuallererst Leidenschaft, also die Bereitschaft, Opfer zu bringen, sich gelegentlich selbst auszubeuten, bei der Sache zu sein, Passion zu zeigen. Einen Clan zu gründen erfordert endlose Begeisterung.

Wie können aber nicht nur Chefs, sondern auch Mitarbeiter und Kunden des Clans von diesem profitieren?

Wenn nicht alle von ihm profitieren würden, dann wäre es kein Clan. Wenn Sie aber Ihre Mitarbeiter in Ihre Unternehmensvision einbinden, wenn Sie in Ihrem Unternehmen einen familiären Umgang miteinander pflegen, wenn Sie Allianzen und Freundschaften auch mit Ihren Kunden, mit Ihren Lieferanten und notfalls auch mit Ihrem Banker schließen können – dann sind Sie mit Ihrem Clan auf dem richtigen Weg.

Und was sollen die Menschen machen, die keinen eigenen Clan gründen können? Jene, die kein Unternehmen und keinen Verein haben?

Keine Bange! Ohne Wähler keine Demokratie. Ohne Indianer keine Häuptlinge. Sie müssen also kein Unternehmen besitzen, um vom Clan Value profitieren zu können: In fast jeder Position – ob Sie nun mächtig sind oder sich selbst eher als machtlos empfinden – gibt es Weichen, die Sie in Richtung Clan Value stellen können.

Der Clan Value ist tendenziell dann am größten, wenn alle im Clan ihre Idealrolle gefunden haben. Wahrscheinlich entsteht gerade irgendwo auf dieser Welt oder auch gleich nebenan wieder ein Clan, der nach Ihnen Ausschau hält. Ein Clan, in dem Sie sich verstanden fühlen, weil Sie den Clan verstehen. Ein Clan, der mit Ihnen gemeinsame Sache machen will. Ein Clan, der Ihre Sprache spricht. Ein Clan, dessen Werte auch Ihnen wertvoll scheinen.

ZETTEL  KASTEN

Nachdem nicht nur in der Weltwirtschaft von Stämmen und »Tribes« die Rede ist, die wie *Kletten* zusammenhalten, sondern die Clanvorstellung auch für die »Corporate Identity« moderner Unternehmen attraktiv ist, warum sollte sich eigentlich diese Vorstellung nicht auf die kleinen privaten Lebenswelten übertragen lassen? Sind das Träume? Warum soll das freigesetzte, autonome, unabhängige Einzelwesen der Neuzeit nicht versuchen, anstelle der abbröckelnden Hilfesysteme der Blutsverwandtschaften, die in der Vormoderne eine letzte Sicherheit versprachen, Geistes- und Wahlverwandtschaften zu knüpfen und Clansysteme zu entwickeln? Ist es nicht das, was wir bräuchten?

(Prof. Dr. Peter Gross, Universität St. Gallen, aus: »Die Multioptionsgesellschaft«, © Suhrkamp Verlag, Frankfurt am Main 1994)

Ich bin, das hätte ich in der Aufzählung meiner zahlreichen Rollen beinahe vergessen, jetzt auch noch Buchautorin. Eine Herausforderung, die ich ohne meinen Clan vermutlich nie angenommen hätte. Eine Tätigkeit, für die ich reich belohnt werde. Ein Arbeitsbereich, der mir täglich die Möglichkeit schafft, mit Menschen über Dinge zu sprechen, von denen sie – oft im Gegensatz zu mir – viel verstehen.

Im Zuge meiner Recherche nutze ich immer wieder das Privileg, meine Ideen und Gedanken im Gespräch mit anderen zu testen, zu formulieren, zu verfeinern. Dies hat mir gerade auch im eigenen Clan reiche Ernte gebracht: Alles, was ich in diesem Buch an Erfahrungen vermitteln kann, habe ich meinem Clan zu verdanken. Meine Freude, den in meinem Unternehmen schon lange gepflegten Clan Value einem breiten Publikum näher bringen zu können, wirkt auch auf die Mitglieder meines eigenen Clans ansteckend. Sie sind es, die mit einer phänomenalen Ideenvielfalt dieses Buchprojekt Seite um Seite vorangetrieben haben. Ein Beispiel dafür im nächsten Abschnitt.

Warum Sie am Ende dieses Kapitels noch zu einer kleinen Abschweifung nach Staten Island verführt werden.

Sie sind mir nun lange und ernsthaft gefolgt. Danke dafür. Lassen Sie sich – quasi zur Ablenkung – jetzt noch kurz in eine dunkle Ecke von New York City entführen.

An allzu viele Details jenes Abends kann ich mich nicht erinnern. Ich weiß nur, dass es um mich herum wirklich sehr finster war. Dass ich mich in meiner weißen Haut und meinem gutbürgerlichen Äußeren eher sehr fremd, sehr auffällig und sehr beobachtet gefühlt habe. Und dass mich allein die Liebe zu einem ganz besonders wichtigen Clan-Mitglied an diesen Ort und in diesen Laden gebracht hat. (Danke übrigens, Tobias!)

Mein damals zwölfjähriger Sohn hatte mir anlässlich meiner Reise nach New York das Versprechen abgenommen, ihm

»irgendwas von Wu Tang« mitzubringen. »Aus Staten Island.«
Und hier war ich nun – ahnungslos.

Ich wusste nichts von Wu Tang. Ich kannte weder das Wu,
noch hatte ich Bekanntschaft mit den Herren RZA, GZA, Ol
Dirty Bastard, The Master Killer oder gar Sixty Second Assassin geschlossen. Ich wusste nicht, dass sie die Superstars des
HipHop sind. Ich wusste nicht, dass sie als Clan firmieren. Und
selbstverständlich hatte ich auch keinen blassen Schimmer davon, was sie singen.

ZETTEL  KASTEN

Up from the 36 Chambers...

The RZA, the GZA, Ol Dirty Bastard, Inspectah Deck, U-God
Ghost Face Killer, the Method Man, Raekwon the Chef, the Master Killer
Raw Desire, LeVon, Power Cipher

Twelve O'Clock, Sixty Second Assassin, the 4th Disciple, The Brand White
K.D. the Down Low Wrecka, Shyheim AKA The Rugged Child (...)
Comin down from the motherfuckin South end of things (...)

Clan in da front, let your feet stomp/Niggaz on the left, brag shit to death
Now hoods on the right, wild for the night/Punks in the back, c'mon...

(Clan In Da Front, Wu-Tang Clan)

ZETTEL  KASTEN

Komm her, Fremder, und schau dich um. Lass dir Zeit, und
dann frage dich: Bist du zufrieden mit der Welt? Geht es dir gut?
Willst du auswandern, weißt aber nicht wohin? Suchst du Antworten auf die Fragen, die deine Seele im Innersten bewegen?

Dann solltest du dich auf die alten Tugenden besinnen, mein
Freund. Du solltest in die Lehre gehen, und der Ort deiner Lehre
ist heute die Columbia-Halle in Berlin. Folge mir durch die anderen.
Es sind viele, ein paar Tausend bestimmt, groß und stark und jung.
Geh hin und such dir ein T-Shirt aus, ein schönes großes schwar-
zes T-Shirt mit einer silbernen Fledermaus in Form eines W auf der

Brust. Das ist unser Zeichen, *das Zeichen des Wu.* Was das Wu ist?

Das Wu kam Anfang der neunziger Jahre in die Welt, zu einer Zeit, als nicht viel passierte im Reich des HipHop. Wie ein träges altes Chevy-Cabriolet rollte es an der Westküste Amerikas herum, ohne je anzukommen. Es ging um Gangster und Zuhälter und Huren und Junkies, eigentlich keine schlechten Themen, aber leider waren es auch Gangster, Zuhälter, Huren und Junkies, die davon erzählten, und sie gaben sich nur so lange Mühe, bis Geld ins Spiel kam. Dann zeigte sich, dass sie nie etwas anderes als Gangster, Zuhälter, Huren und Junkies sein würden. Es war also Zeit, den HipHop zu retten. Es war Zeit für eine neue Zeit. Es war Zeit für das Wu.

Was das Wu ist, mein Schüler? Nicht so ungeduldig.

Komm nah an die Bühne und bete mit uns. Halte deine geöffneten Handflächen hoch und lass die Daumen sich sanft an den Kuppen berühren, forme ein W, forme das Wu.

(Marc Fischer, Wie wu bist du wirklich?
in: Süddeutsche Zeitung, 10. Juli 2004)

Jetzt, wo mein Sohn die Mitbringsel aus New York – das Wu-Tang-Clan-T-Shirt und eine CD – längst schon wieder ausgemustert hat, erkenne ich endlich die inneren Werte dieses Clans. Etwa dessen grandiose Strategie, die seine Mitglieder im Lauf von zehn Jahren steinreich gemacht hat: Neun Rapper verschwören sich, um den HipHop neu zu ordnen, und die Musikindustrie gleich mit. Als Clan treten sie 1993 mit ihrem Debüt-Album auf. Im Sog dieser Platte »Enter the Wu-Tang (36 Chambers)« wollen sie möglichst viele Spin Offs und Einzelprojekte in die Landschaft setzen.

Gesagt, getan: Der Wu-Tang Clan – einst angetreten um den Plattenbossen Paroli zu bieten – ist die einflussreichste Rap-Truppe aller Zeiten und obendrein seine eigene Industrie.

Warum ich Ihnen das alles erzähle?

Ganz einfach: Weil das Wu – außer dem Marihuanaqualm und einer Überdosis an Kraftausdrücken – eine Botschaft enthält. Eine Botschaft, die meinen Sohn angesprochen hat. Eine Botschaft, die er mir weitergereicht hat.

Eine Botschaft, die mich dazu bringt, über die Gemeinsamkeiten meiner Unternehmensberatung »Heller Consult« und einem bedrohlich wirkenden Haufen wild gestikulierender Rapper nachzudenken.

Eine Botschaft, die sich auch in den Arbeiten des Schweizer Soziologen Peter Gross findet. Die wir aber auch aus den Schriften des kalifornischen Managementtheoretikers William G. Ouchi herauslesen können. Die ich aus den Untersuchungen des Schweizerischen Instituts für Klein- und Mittelunternehmen filtern konnte. Und aus den Programmen des Management Zentrum St. Gallen.

Eine Botschaft, die ich bei den Recherchen für dieses Buch bei den Dynastien der Scheichs in Dubai vernommen habe. Und bei den »Hermanos Patechkos« in München. Im Hotel Sacher in Wien ebenso wie bei den feinen Zegnas in Italien, den besonnenen Bonniers in Schweden, den verfeindeten Cloppenburgs in Hamburg und Düsseldorf. Eine Botschaft, die den Mafia-Clan der Sopranos aus New Jersey zusammenhält, aber auch den iranischen Filmemacher-Clan der Makhmalbaf-Schule oder den gambisch-deutschen Musiker-Clan der Jobarteh Kunda. Oder eben den Wu-Tang Clan.

Eine Botschaft, die so einfach ist, dass sie in den sieben Kapiteln dieses Buches Platz findet. Eine Botschaft, die das Grundprinzip des Clan Value beschreibt:

Leben Sie im Clan, dann leben Sie reicher!

Das große Tor

Jedem sein Clan.

Klan, der (Clan): eine Bevölkerungsgruppe, die ihre Ab-
stammung von einem gemeinsamen Ahnen (z.B. einem
übernatürlichen Wesen) ableitet.

(www.brockhaus.de)

»Die Regel ist also: ein Clan, ein Dorf, ein Anteil Garten-
land, ein Geschwister-Ahnenpaar, ein Rang, eine Abstam-
mung. Die Abstammung lässt sich nie wirklich verfolgen,
doch alle glauben fest, sie gehe auf die Urahnin zurück, die
aus dem ›Loch‹ hervorgekommen ist.«

(Bronislaw Malinowski: Das Geschlechtsleben der
Wilden in Nordwest-Melanesien, Verlag Dietmar Klotz,
Eschborn 2001)

Der Spatenstich: Selbstreflexion und Standortbestimmung.

Endlich. Hier stehen Sie nun. Sie wissen inzwischen, dass es ohne Clan kein Wu gibt. Sie sind also bereit, gemeinsam mit mir das große Tor aufzustoßen und sich in der weiten Welt der Clans umzuschauen.

Also, machen wir uns auf den Weg. Von Peter Gross haben wir erfahren, dass uns der Clan in dieser multioptionalen Gesellschaft neuen Halt geben könnte. Dass er uns heute, wo alles möglich zu sein scheint, helfen könnte, die richtige Wahl zu treffen. Dass er überall dort wieder festen Boden unter unseren Füßen schaffen könnte, wo die Beziehungswelten zu brüchig und die Arbeitsverhältnisse zu unsicher geworden ist.

Jetzt möchte ich Ihnen weitere Bekanntschaften vermitteln, die in der Welt hinter diesem großen Tor für Orientierung sorgen sollen. Die uns zeigen sollen, worauf wir beim Aufbau eines Clans achten müssen. Bekanntschaften, die uns vom Spatenstich bis zum Errichten unserer Clan-Burg mit ihrer Weisheit und ihrer Erfahrung zur Seite stehen sollen.

Die eine Bekanntschaft wird uns mit der Vergangenheit des Clans verbinden: Sie wird uns von Kräften erzählen, die der Clan den Menschen schon in grauen Vorzeiten gegeben hat.

Eine andere wird uns nach vorne schauen lassen: Bei einem Experten für Familienunternehmen werden wir uns kundig machen, für welche Werte der Clan heute und morgen stehen kann.

Und eine dritte Bekanntschaft wird uns von den Mühen der Ebene berichten – eine Unternehmerin, die gelernt hat, für ihren Clan zu kämpfen.

Treffen wir zuerst also jenes Totem-Tier, das viele Clans als ihren namengebenden Urahnen verehren – die Schildkröte. Auf sie – und auch auf den Wolf, den Bären, den Adler und einige andere Bewohner des Clan-Universums – werden wir noch öfter stoßen. Sie alle werden mit und für uns aus jenem Wissensschatz schöpfen, den die Ureinwohner Nordamerikas in ihren Clans angehäuft haben.

Warum die Schildkröte? Ihr verdanken wir einen der ältesten Schöpfungsmythen, in vielen Indianerstämmen symbolisiert sie den Anfang der Welt. In einigen kommt sie zu höchsten Ehren: Der »Turtle Clan« steht an der Spitze der Stammeshierarchie.

Weil auch Ihr Clan eine solche Führungsrolle übernehmen könnte, werden wir den Traditionsschatz des Turtle Clans später noch auf seine Alltagstauglichkeit hin abklopfen. (Wer jetzt schon wissen will, warum das Gute der Feind des Besten ist, dem sei ein Blick hinter die erste Tür empfohlen. In der Wertewelt des Clans wird er wieder auf die Schildkröte treffen.)

ZETTEL ■ KASTEN

Der Schöpfungsmythos der Ojibway/Chippewa

In einer großen Flut war das Wasser über die Erde gekommen. Es hatte das Volk der Anishinabe ausgelöscht und auch fast alle Tierarten. Nur Nanaboozhoo hatte überlebt, mit ein paar Tieren und Vögeln, die schwimmen konnten und fliegen. An einen Baumstamm geklammert trieb er nun obenauf und suchte nach Land. Den Tieren und den Vögeln erlaubte er, sich abwechselnd auf seinem Baumstamm auszuruhen.

Schließlich sprach Nanaboozhoo zu den Tieren: »Ich werde jetzt zum Grund tauchen und eine Hand voll Erde holen. Damit werden wir neues Land schaffen, um darauf zu leben.«

Nanaboozhoo tauchte. Er blieb für lange Zeit unter Wasser. Doch als er wieder auftauchte, um nach Luft zu ringen, zeigte er seine leeren Hände. Das Wasser war zu tief für ihn, er hatte den Grund nicht erreicht.

Daraufhin versuchten die Tiere ihr Glück. Eins ums andere. Doch auch ihnen blieb es verwehrt, den Grund zu tasten.

Zuletzt tauchte die Bisamratte. Lange blieb sie unter Wasser. Sehr lange. Als niemand mehr daran glaubte, sie je wieder zu sehen, tauchte sie an die Oberfläche. Nanaboozhoo zog sie auf seinen Baumstamm und rief: »Brüder und Schwestern, die Ratte war zu lange ohne Luft, sie ist tot.« Da aber sah er, dass ihre Pfoten ein paar Krumen nasser Erde umklammerten. Die Bisamratte hatte ihr Leben geopfert, damit die Welt von neuem erstehen konnte.

Nanaboozhoo nahm die Erde und legte sie der vorbeischwimmenden *Schildkröte* auf den Panzer. Da kam Wind auf. Aus allen vier Richtungen blies er. Und die Erde auf dem Rücken

33

der Schildkröte wurde zur Insel. Und die Insel wuchs und wuchs. Als die vier Winde schwächer wurden, ragte eine stattliche Insel mitten aus dem Wasser. Eine Insel, die heute den Namen Nordamerika trägt.

Als nun Kitchi-Manitou, der Große Geist, diese Erde wieder mit Menschen bevölkerte, erinnerte er sich an den Streit und die Kriege, die unter den ersten Bewohnern der Erde ausgebrochen waren. Um Kampf und Mord zu verhindern, teilte Kitchi-Manitou sein Volk in Clans auf.

(Nacherzählt auf Basis von Edward Benton-Banai: The Mishomis Book. The Voice of the Ojibway, Indian Country Press St. Paul, Minnesota 1979)

Die Schildkröte erinnert uns also daran, dass die Strukturen einer Gesellschaft nicht zufällig entstehen, sondern unter großen Anstrengungen geschaffen werden. Dass die Strukturen jener Organisationen, die unseren Alltag ordnen, unser Arbeitsleben, unsere Freizeit, unser Familienleben – dass all diese Strukturen aktiv gestaltet werden müssen. Dass der Clan und seine Werte ohne das eigene Zutun, ohne eine große Willensanstrengung nicht denkbar sind.

Im Leben eines jeden Menschen gibt es einschneidende Ereignisse, Momente, die man als Weggabelung wahrnimmt. Bei dem einen wächst in so einem Moment das Bedürfnis, etwas Besonderes zu schaffen. Etwas Bleibendes. Seinem Leben einen neuen Sinn zu geben. Bei einer anderen führt dieser Moment zur Entscheidung, sich von nun an ein eigenes Reich aufzubauen. Nicht länger für andere, sondern für sich selbst zu leben. Bei einem Dritten ist es womöglich der Gedanke an die Kinder: Bin ich ihnen mit dem, was ich bis jetzt getan habe, Vorbild? Können sie das, was ich geschaffen habe, eines Tages vielleicht als Startrampe für ihren eigenen Lebensweg benutzen?

Diese Momente sind kostbar. In diesen Augenblicken sammelt sich im Idealfall genau jene Energie, die wir zur Veränderung brauchen.

In diesen Momenten kann eine simple Frage zum Prüfstein werden: »Ist das alles?« Als Antwort darauf hat so mancher schon mehr geschafft.

In diesen Momenten kann ein klarer Entschluss weit reichende Folgen haben: »Ich werde meinen Eltern zeigen, dass mehr in mir steckt, als sie mir zutrauen.« So manche hat darauf ein eigenständiges Leben gebaut.

In diesen Momenten kann aus Zweifel Gewissheit werden: »Wenn ich es jetzt nicht versuche, werde ich nie herausfinden, ob ich es kann.« Viele wissen seither, dass sie es können.

Als Unternehmensberaterin muss ich in vielen Fällen erst einmal ergründen, ob meine Klienten Freude haben. Ob sie das, was sie tun, auch mit Vergnügen tun. Ich muss ihnen also helfen, ihren derzeitigen Standort zu bestimmen. Das mündet häufig in eine ganz schlichte Frage: Sind Sie mit Ihrer beruflichen Entwicklung zufrieden?

Ganz selten nur bekomme ich darauf eine eindeutig positive Antwort. Und nur wenige Menschen sagen mir, dass sie absolut unzufrieden sind mit dem, was bisher war. Die meisten Klienten antworten nach dem Ja-aber-Muster.

Eine Reihe prototypischer Antworten habe ich hier für Sie gesammelt. Vielleicht erkennen Sie sich in der einen oder anderen wieder. Möglicherweise hat einer meiner Klienten etwas gesagt, was ebenso aus Ihrem Munde stammen könnte. Vielleicht würden auch Sie sagen: »Ja, ich bin eigentlich ganz zufrieden, aber... «
»... ich möchte noch etwas Großartiges schaffen!«
»... man soll von mir sagen, dass diese Frau etwas bewegt hat.«
»... ich fühle, dass ich meine Kreativität und Tatkraft nicht entfalten kann.«
»... ich bin eigentlich ein Pionier und möchte das endlich beweisen, mir selbst und auch meinen Freunden.«
»... ich möchte abends mit dem Gedanken an einen wirklich erfüllten Tag ins Bett gehen.«
»... ich möchte Menschen mit meinen Ideen begeistern.«

»… ich möchte irgendwann noch etwas Sinnvolles tun.«
»… ich will noch etwas Eigenes schaffen.«
»… meine Kinder sollen es einmal besser haben.«
»… eigentlich sollte mir mein Leben nicht nur am Wochenende
   Spaß machen.«
»… wenn ich immer nur für andere arbeite, wird am Ende
   nichts für mich bleiben.«

Weil eins oft zum anderen führt, münden diese Fragen bei manchen Menschen nach einer Weile in eine klare Perspektive: »Ja, ich bin im Grunde ganz zufrieden. Aber eigentlich habe ich jetzt lange genug auf andere gehört. Jetzt möchte ich endlich… «

Also: Ganz egal, was die Organisation, für die Sie eine Clan-Struktur einführen wollen, eigentlich tut; ganz gleich, ob es sich um ein größeres Unternehmen handelt oder um einen Kleinbetrieb, um die Praxis eines Freiberuflers, um einen gemeinnützigen Verein oder um einen Familienverband – jeder Clan braucht natürlich zuallererst die geeignete Führungspersönlichkeit.

Was immer Sie persönlich mit dem Aufbau eines Clans zu tun haben – jemand muss zuletzt die Verantwortung dafür übernehmen. Einer muss das Tempo vorgeben. Eine muss die Ziele formulieren. Einer muss sagen, wo es langgeht. Das ist in aller Regel der Clan-Chef. Oder die Clan-Chefin.

Warum Frauen im reiferen Alter oft eine besonders gute Clan-Chefin abgeben, werde ich Ihnen in diesem Buch auch noch erzählen. Hier nur so viel: Ich weiß, dass Frauen mit jedem Lebensjahr besser, stärker und kreativer werden. Ich kann dies aus eigener Erfahrung bestätigen. Und seit ich der Sache bei einer kenntnisreichen Freundin, bei einer einschlägig gebildeten Cherokee-Indianerin und bei einer beeindruckenden chinesischen Ärztin auf den Grund gegangen bin, weiß ich auch, warum das bei uns Frauen so ist. Doch auch davon später mehr.

An dieser Stelle erst einmal zu einer wesentlichen Frage: Wer ist denn eigentlich zum Chef geboren? Wer fühlt sich geeignet, die Rolle der Chefin zu übernehmen? Ist man selbst in der Lage, ein Unternehmen nach den Prinzipien des Clans zu führen? Haben Sie das Zeug zum Chef? Können Sie das?

Genau das gilt es am Anfang herauszufinden. Denn genau das verlangt der Clan von Ihnen: Selbstreflexion und Standortbestimmung.

Sie müssen Ihre Stärken analysieren. Und Ihre Schwächen. Sie müssen herausfinden, wo Ihre Potenziale liegen. Und wo Sie hinwollen. Sie müssen erkunden, ob Sie andere Menschen motivieren können. Ob Sie andere zu Höchstleistungen coachen können. Ob Sie als Vorbild taugen. Ob Sie diszipliniert sind. Ob Sie entscheiden können. Ob Sie Ihren Clan auch in den Momenten gut führen können, in denen Sie bekanntermaßen zur Schwäche neigen.

Auch wenn Sie diese Fragen heute unsicher machen, auch wenn Sie vieles davon jetzt – noch – nicht können, haben Sie keine Bange: Ihr Entwicklungspotenzial ist enorm.

Es gibt Menschen, die sind überwiegend sachorientiert. Es gibt solche, die sehr emotional gebunden sind. Es gibt welche, die schnell denken und visionär sind. Und es gibt andere, die sich auf einen hohen Energiehaushalt stützen können. Jeder dieser Typen wird den Clan auf seine eigene Art und Weise prägen. Wichtig ist nur, dass Sie rechtzeitig wissen, nach welchem Muster Sie gewirkt sind.

ZETTEL ▮ KASTEN

Ein langes Duell

Da sind jene, die ihren Wagen gern mit olympischem Staub bedeckt und mit glühenden Rädern durchs Ziel lenken: so oder so ähnlich hieß es bei **Horaz**, und der kleine Clan, dem ich angehörte, schauderte wie unter einem köstlichen, leichten elektrischen Schlag zusammen.

Unsere Klasse, das war eine grässliche Sexta mit einundvierzig Schülern, ausschließlich Jungen, fast alle Flegel und so wild, dass nichts von dem uns verabreichten Wissen in sie eindringen konnte. Einige lehnten es rundheraus ab und machten sich frech darüber lustig, andere (und das war die Mehrheit) ließen sich davon berieseln wie von einem lästigen Sprühregen.

Wir nicht. Wir waren unser fünf oder sechs und nannten uns im Stillen die Elite der Klasse. Wir hatten uns eine eigene, schändlich tendenziöse Privatmoral zugelegt: Lernen war ein notwendiges Übel, das mit dem Gleichmut der starken Seele hinzunehmen war, da man nun einmal versetzt werden musste; aber unter den Unterrichtsfächern gab es eine feste Rangordnung. Vorzüglich waren Philosophie und Naturwissenschaften; erträglich Griechisch, Latein, Mathematik und Physik, sozusagen als Hilfswerkzeuge, um die ersten beiden zu verstehen, belanglos Italienisch und Geschichte; eine reine Plage Kunstgeschichte und Körpererziehung. Wer diese Ordnung nicht akzeptierte (die, ohne dass uns das bewusst war, hauptsächlich vom Talent und der menschlichen Wärme des jeweiligen Lehrers abhängig war), wurde automatisch aus dem Clan ausgeschlossen.

(Primo Levi, Anderer Leute Berufe. Glossen und Miniaturen.
Aus dem Italienischen von Barbara Kleiner. Hanser Verlag,
München 2004)

Es ist gerade am Anfang wichtig, ganz klar herauszufinden, wo die eigenen Stärken liegen, wo es ausbaufähiges Potenzial gibt, wo die Schwächen angesiedelt sind.

Und spätestens hier hilft Ihnen schon eine der Stärken des Clans über allfällige Schwächen hinweg: Je deutlicher Sie Ihre Problemfelder erkennen, umso leichter wird es Ihnen fallen, im Clan einen Ausgleich zu finden. Sie sind allzu schnell allzu enthusiastisch? Gut, dann suchen Sie sich jemanden, der Sie ein bisschen bremst, damit der Clan mit Ihrem Tempo mithalten kann. Sie schieben Entscheidungen ein bisschen zu lange vor sich her? Nicht so schlimm, wenn Sie wissen, wer Sie diesbezüglich motivieren und gegebenenfalls auch einmal antreiben könnte.

Aus diesem Yin-Yang-Potenzial des Clans lässt sich eine schlichte Regel ableiten: Was dem einen recht ist, ist dem anderen billig.

Nicht nur die Clan-Chefin wird im Rahmen der Selbstreflexion und der Standortanalyse herausfinden, wer sie ist und wo sie steht. Auch jedes andere Mitglied des Clans sollte sich diesen Fragen stellen. Jeder für sich muss herausfinden, an welcher Stelle eines Clan-Unternehmens er ideal besetzt wäre. Jede für sich muss sich fragen, ob sie das Zeug dazu hat, dort anzukommen, wo sie sich in ihren Träumen sieht.

Nur dann können die Angehörigen eines Clans leben, was Jean-Jacques Rousseau so formuliert hat: Die Freiheit des Menschen liegt nicht darin, dass er tun kann, was er will, sondern dass er nicht tun muss, was er nicht will.

Wie aber finden wir – Sie, ich, eine beliebige Organisation – heraus, wer als Clan-Chef geeignet ist? Und wie finden wir – Sie, die Clan-Chefin, der Clan-Chef, eine beliebige Organisation – heraus, an welcher Position im Clan Ihre Stärken am besten zur Geltung kommen? Wie lernen wir also, wo Stärken und Schwächen, wo die Potenziale und die Gefahren unserer Persönlichkeit liegen? Und vor allem: Wie finden wir das einigermaßen zeitsparend heraus? Denn kaum jemand wird es sich leisten wollen, die Erkundung seines Clan-Potenzials in ein viele Jahre dauerndes psychoanalytisches Projekt auszulagern.

Ganz einfach: Wir machen uns auf die Suche. Nach unseren Stärken. Und nach unseren Schwächen.

ZETTEL  KASTEN

Die Kunst, sich selbst zu managen

Worin liegen meine Stärken? Die meisten Menschen glauben zu wissen, in welchen Dingen sie gut sind. Und liegen dabei in der Regel ziemlich falsch. Eher wissen sie, was sie nicht können. Und selbst da irren sich die meisten eher, als dass sie richtig liegen.

Freilich kann jemand nur aus seinen Stärken Nutzen ziehen, da Leistung sich nicht auf Schwächen aufbauen lässt. Einmal abgesehen von dem, das überhaupt nicht zu bewältigen ist. In der Vergangenheit mussten Menschen ihre Stärken nicht unbedingt kennen. Jemand wurde in eine Position oder in eine Tätigkeit hineingeboren. Der Sohn des Bauern wurde auch Bauer. Die Tochter des Handwerkers heiratete einen Handwerker. Aber heute haben Menschen die Wahl. Daher müssen sie ihre Stärken kennen, um zu wissen, wohin sie gehören.

(Peter F. Drucker: Management Challenges for the 21st Century,
HarperCollins, New York 2001)

Betrachten Sie doch einmal in aller Ruhe, was Sie bisher geschafft haben. Was Sie geschaffen haben. Betrachten Sie die positiven Aspekte. Konzentrieren Sie sich einmal auf Ihre Fähigkeiten, Ihre Neigungen, Ihre Eignungen. Denken Sie einmal an all das, was in Ihnen steckt. Listen Sie – ganz so, wie es Manager tun – Ihre Assets auf, Ihre beruflichen Vermögensposten, Ihr professionelles Erfahrungskapital.

Das Ergebnis dieser Anstrengung könnte etwa so lauten: »Ich habe hier und dort Erfolge gehabt, ich hab dies und jenes erreicht, ich habe an der und an einer anderen Stelle viel Lehrgeld bezahlt. Ich habe also einen Erfahrungsschatz angehäuft, aus dem ich nun bewusst schöpfen möchte.«

Bringen Sie die Details Ihrer Liste zu Papier. Schreiben Sie auf, was Ihnen durch den Kopf geht. Sortieren Sie Ihr Potenzial.

Ähnlich gehen Sie mit Ihrem beruflichen Umfeld vor: Analysieren Sie auch die Stärken Ihrer Firma, Ihres Arbeitgebers. Die Stärken des Vereins, für den Sie tätig sind. Die Stärken jener Organisation, für die Sie als Chef, als Manager, als Geschäftsführerin, als Verkaufsmitarbeiterin, als Grafikerin oder als Marketingassistent tätig sind.

Dass ich Sie dabei nicht im Stich lasse, versteht sich von selbst. Also:

Ich greife in solchen Analysesituationen fast immer zu einem ganz einfachen Werkzeug. Es zeichnet sich durch einen auffälligen Mangel an Glanz und Glamour aus, leistet mir aber bei jedem Einsatz gute Dienste: die swot-Analyse. Sie hilft mir, meine Stärken (S für Strengths), meine Schwächen (W für Weaknesses), meine Chancen (O für Opportunities) und die Bedrohungen (T für Threats) zu erkennen.

Um schon bei der Clan-Gründung möglichst problemlos damit arbeiten zu können, habe ich noch ein paar kleinere Adaptierungen vorgenommen: Damit lassen sich neben dem beruflichen Potenzial nun auch Clan-Eignung und Clan-Charisma unkompliziert und schnell analysieren.

Im Lauf der Jahre habe ich dieses Tool so an meine Bedürfnisse angepasst, dass ich heute bedenkenlos damit operiere, wenn es um mich selbst und um mein eigenes Clan-Unternehmen geht. Ich empfehle dieses Werkzeug aber selbstverständlich auch meinen Lesern gerne und guten Gewissens. (Lesen Sie mehr darüber im Lexikon. Auf www.clanvalue.com erfahren Sie, wie auch Sie mit der swot-Analyse und dem m.a.c.h.t.-Protokoll arbeiten können.)

Wenn Ihnen aber, liebe Leserin, jemand eine andere Methode der Selbsterkenntnis empfehlen kann, die Ihr Vertrauen findet, dann greifen Sie ruhig zu. Oder wenn Sie, verehrter Leser, im Umgang mit einem anderen Werkzeug schon Routine entwickelt haben, dann bleiben Sie dabei. Wichtig ist einzig und allein, dass Sie hier – vor dem großen Tor Ihres Clans stehend – auf diese drei Fragen eine überzeugende Antwort finden:

Wer bin ich?
Wo stehe ich?
Wo will ich hin?

Das Fundament des Clans: Warum es ohne Passion und Respekt nicht geht.

Die zweite Bekanntschaft in diesem Kapitel (nach der Schildkröte) führt uns zu einem bestens ausgewiesenen Experten für Familienunternehmen. Zu einem jungen Mann, der in den Werten des Clans ein wichtiges Potenzial für das Wirtschaftsleben von heute ortet: Frank Halter ist trotz seiner erst 31 Lebensjahre als Mitbegründer des Family Business Centers an der Universität St. Gallen einschlägig erfahren.

Halter interessiert sich aber nicht nur für Familienbetriebe per se. Er geht als Forscher und Mittelstandsberater auch jenen Werten auf den Grund, die klassischerweise im Familienbetrieb gelebt werden. Werte, die aber auch in vielen Organisationen hochgehalten werden, die keine Familienunternehmen sind.

Was Frank Halter umtreibt, wird in der Literatur inzwischen als »Familyness« beschrieben: Gemeint ist damit jener Konkurrenzvorteil, der sich aus den positiven Aspekten eines Familienbetriebs entwickeln lässt.

Fragen wir der Einfachheit halber gleich beim Fachmann nach: Herr Halter, worauf kommt es denn an, wenn von »Familyness« die Rede ist?

Wenn Sie heute drei Mal bei Ihrem Mobilfunkbetreiber anrufen, um ein Problem zu lösen, sind Sie dort höchstwahrscheinlich mit drei verschiedenen Personen konfrontiert. Jeder Person müssen Sie Ihre Geschichte von Anfang an neu erzählen. Die Wahrscheinlichkeit, dass Sie irgendwann genervt aufgeben, ist schon sehr ausgeprägt.

Wenn Sie hingegen mit einem Unternehmen zu tun haben, das in personeller Hinsicht auf Nachhaltigkeit setzt, dann spüren Sie das ganz unmittelbar: Sie werden mit jemandem sprechen, den Sie identifizieren können. Jemand, den Sie vielleicht schon kennen. Jemand, der Sie vermutlich kennt. Sie werden also im Kontakt mit diesem Unternehmen ein Gefühl der Kontinuität empfinden. Das ist schon ein ganz wesentlicher Aspekt dieser Sache: Ein Unternehmen kann sich darum bemühen, Merkmale dieser Familyness als Wettbewerbsvorteil zu gestalten – auch dann, wenn es kein echtes Familienunternehmen ist.

Haben Sie dazu ein Beispiel aus Ihrer täglichen Praxis zur Hand?

In aller Bescheidenheit: Unser Family Business Center hier an der Universität. Diese Idee geisterte zwei Jahre lang in unseren Köpfen herum. Jetzt haben wir einfach gesagt, wir machen das. An einer herkömmlichen Universität, wo man 100 Prozent des Budgets zugewiesen bekommt, wäre das in dieser Form wohl nicht so schnell gegangen. Bei uns funktioniert es, weil wir uns mit unserem Institut für Klein- und Mittelunternehmen am Markt behaupten müssen: Von unseren 26 Stellen werden nur vier vom Kanton bezahlt. Den Rest erwirtschaften wir selber. Wir treten also nach außen hin sehr dienstleistungsorientiert auf. Wir leben intern aber ein sehr familiäres Leben: Wir ziehen also alle an einem Strick, wir sehen uns auch außerhalb der Arbeitszeiten, wir binden unsere Familien in unser Institutsleben ein. Wir halten also Werte hoch, die üblicherweise in Familienunternehmen hochgehalten werden.

Es geht also ganz einfach darum, diese Familyness zum Wettbewerbsvorteil zu entwickeln. Weil dieses Familienartige beim Clan Value so wichtig ist, liefern uns die Arbeiten von Frank Halter und seinen Kollegen am St. Gallener Institut wertvolle Anregungen für den Aufbau eines Clans.

Fragen wir also noch einmal nach: Herr Halter, kann man auch ohne Familie ein Familienunternehmen aufbauen? Oder anders gefragt: Können Sie sich vorstellen, dass man diese Werte der *familyness* im Clan zum Wettbewerbsvorteil einsetzen kann, auch wenn keine blutsverwandte Familie dahintersteht?

Nennen wir die Sache, um die es uns hier geht, nicht Familie, sondern sprechen wir von einem familiären Zugang – ja, dann können Sie die Empathie, das Vertrauen, die Identität in ihrer familiären Organisation als besondere Dienstleistungskompetenz verpacken und anbieten. Nach genau diesem Modell sind ja viele kleine Firmen in der heute so verteufelten New Economy erfolgreich und größer geworden. Aus einem Laden wie »get abstract« – der in einem studentischen, familiären Milieu damit begonnen hat, Kurzfassungen von Büchern und Forschungsarbeiten über das Internet zu verkaufen – ist heute ein großes Unternehmen geworden, das man durchaus auch als clanartig beschreiben könnte.

Noch eine letzte Frage, Herr Halter: Sie haben ja auch ein Forschungsprojekt über Unternehmensgründer gemacht. Welche Rolle spielen die denn, wenn es darum geht, ein familiär geführtes, ein Clan-Unternehmen aufzubauen?

Die sind ganz besonders wichtig. Ohne sie würde so etwas Neues ja auch nicht entstehen. Wir haben uns ausführlich mit deren Motivation, mit deren Eigenschaften, mit deren Kompetenzen auseinander gesetzt. Wir haben uns dann auch gefragt, warum diese Leute als treibende Kraft so unersetzlich scheinen. Im Wesentlichen bleiben da zwei Faktoren übrig, die besonders interessant sind: Es reicht ja nicht, eine gute Idee zu haben. Ein Gründer muss diese Idee auch zur Umsetzung bringen. Und wie macht er das? Nun, er ist einmal als Motivator enorm wichtig: Er braucht zur Umsetzung seiner Idee ein Team und dieses Team braucht ihn als treibende Kraft. Zum zweiten geht es um – Sie verzeihen den Anglizismus, aber hier passt er – es geht um den »spirit«. Wenn ein Gründer den Drang hat, andere Leute von seiner Idee zu überzeugen; wenn er die Kraft hat, diesen »spirit« auch auf andere Leute zu übertragen, dann ist sein Unternehmen mit sehr großer Wahrscheinlichkeit nachhaltig erfolgreich.

Danke, Herr Halter. Damit sind wir fürs Erste genau am richtigen Punkt angelangt. Was Sie »spirit« nennen, würde ich als Passion bezeichnen:

Als ich vor bald zwanzig Jahren daran gegangen bin, mein eigenes Unternehmen zu gründen, habe ich mich recht intensiv mit meiner Familie auseinander gesetzt. Die Werte, die mir dort vermittelt worden waren, schienen mir so fundamental wichtig, dass ich sie in meinem Unternehmen verwirklicht sehen wollte.

ZETTEL ██ KASTEN

Fallstudie: »Heitere Heizer«

Wie kann sich ein Familienunternehmen gegen Weltkonzerne behaupten? Der Vaillant-Clan, Inhaber des gleichnamigen Heizgerätebauers, empfiehlt: Gehe mit der Zeit, schrecke nicht vor teuren Übernahmen zurück und halte zusammen wie Pech und Schwefel.

Unternehmen müssen wachsen. Und wer wachsen will, muss **zusammenhalten**. Diese Binsenweisheit spiegelt sich auch in der Geschichte des Heizgerätebauers Vaillant wider. Im Gegensatz zu anderen deutschen Familienunternehmern bricht die Sippe aus Remscheid aber auch mit Traditionen – falls es Not tut.

So verzichten 34 Nachkommen des Firmengründers und Kupferschmieds Johann Vaillant auch schon mal auf Dividende. Noch die nächsten fünf Jahre müssen die Clanmitglieder voraussichtlich ohne Gewinnausschüttung auskommen, weil das Geld zur Tilgung von Krediten benötigt wird. Kredite, die nötig waren, um aus dem mittelständischen Betrieb einen internationalen Player zu formen.

(Martin Scheele, in: www.manager-magazin.de, 25. 1. 2005)

Mir wurde also schnell klar, dass ich nicht nur eine Steuerberatungskanzlei gründen wollte, sondern auf der Suche nach etwas ganz Speziellem war. Ich wusste noch nicht, dass ich dieses

Besondere eines Tages Clan nennen wollte. Ich war mir aber sicher, dass die Werte, um die es mir dabei ging, mit dem Wort »familiär« am ehesten zu fassen waren: Begeisterung, Passion, Enthusiasmus, Motivation, Zugehörigkeitsgefühl, Respekt, Liebe, Gemeinsamkeit, eine gemeinsame Vergangenheit, Gegenwart und Zukunft, Vertrautheit, Charisma, Führung, Halt, Circle, Gesinnung, Sippe – diese Begriffe gingen mir damals durch den Kopf.

Ich wollte mich dafür entscheiden, Menschen um mich zu sammeln, mit denen ich einen langen Weg gehen wollte. Menschen, die ich zu Mitstreitern machen wollte. Menschen, zu denen ich daher auch eine sehr persönliche Beziehung entwickeln musste. Ich wollte, dass wir – diese Menschen und ich – auf eine gewisse Weise zu einer Familie zusammenwachsen. Zu einer Familie, deren gemeinsames Ziel es war, ihren Enthusiasmus, ihre Begeisterung, ihre Passion auch auf andere zu übertragen. Auf unsere Kunden zum Beispiel. Auf jene Menschen, die in den Unternehmen tätig waren, deren Dienstleistungen wir in Anspruch nehmen wollten.

Ich wollte also – ohne, dass es mir bewusst war – meinen eigenen Clan gründen.

In der Familie hatte ich gelernt, dass Zusammenhalt Stärke bedeutet. Für meine beiden Schwestern, für meine Mutter, für meinen Vater war das Zusammenhalten immer ein ganz besonderer Wert.

An der Universität hatte ich aber auch etwas gelernt: Ökonomie. Als Betriebswirtin war mir also auch klar, dass mein eigenes Unternehmen von der Gründung weg mit einem Problem belastet ist: Ich hatte kaum Kapital.

Dass man dieses Manko allenfalls durch Kreativität ausgleichen könnte, hatte ich gehört. Wie das im konkreten Fall aussehen sollte, musste ich erproben. Heute kann ich das Rezept aufschreiben: Ich habe mir klar gemacht, dass Kapital nicht alles ist. Ich habe verstanden, dass der partnerschaftliche Umgang miteinander auch ein großer Wert ist. Dass Beziehungsarbeit eine Investition ist. Dass Passion und Begeisterung Kräfte freisetzen, die in anderen Unternehmensformen teurer erkauft werden müssen. Dass Mitarbeiter, die meine Vision teilen, meinem Unternehmen mitunter mehr Kräfte zuführen, als dies eine Finanzspritze je tun könnte.

Ich habe auf diesem Weg – das weiß ich heute erst – den wichtigsten Grundsatz zur Clan-Gründung entdeckt: Meine Passion und mein Respekt den anderen gegenüber wirkten ansteckend. So sehr, dass aus der kleinen Steuerberatungskanzlei, die ich 1988 mit zwei Mitarbeitern auf eineinhalb Stellen gegründet habe, heute der Heller-Clan geworden ist:

Drei Dutzend Menschen, die einander achten, die an einem Strang ziehen, die begeistert und immer noch weiter begeisterungsfähig sind.

Drei Dutzend Menschen, die Tag für Tag mit mir gemeinsam am Clan arbeiten. Die Tag für Tag mit mir den Clan Value erhöhen.

Drei Dutzend Menschen, die in der Burg des Heller-Clans ihre Heimat gefunden haben.

ZETTEL  KASTEN

»Erforschen Sie die Heimat der Clans«

Schottland war zu den meisten Zeiten eine arme Nation; doch sein Volk, zu Notzeiten geboren und aufgewachsen, stellte seine Unverwüstlichkeit und seinen Unternehmergeist unter Beweis. Schottische Namen tauchen in aller Herren Länder auf, oft im Zusammenhang mit geschäftstüchtigen und abenteuerlustigen Unterfangen: Robert Falcon Scott (Polarforscher), Neil Armstrong (der erste Mann auf dem Mond) und Rupert Murdoch (Medienmogul), um nur einige wenige zu nennen.

Viele Schotten, die nach Übersee ausgewandert sind und dort gut und erfolgreich leben, kehren gerne ins Land ihrer Vorväter zu-

rück. Sie möchten mehr über ihre eigene Geschichte erfahren – wo ihre Familie oder ihr
Clan lebte und was für Menschen sie waren
(meist plündernde Grobiane, die mit einem
anderen Clan in Fehde lagen – aber dies nur
am Rande!). Natürlich hat sich **Schottland**
drastisch geändert und auf den Länderei-
en, auf denen sich unsere Vorväter mühsam
durchschlugen, liegt jetzt vielleicht ein Flug-
hafen. Aber es gibt immer noch Brücken zur Vergangenheit: Clan-
Burgen oder so genannte »Tower Houses« (Turmhäuser), in denen
angesehene Familien und Clans im 15., 16. und 17. Jahrhundert lebten. Mit etwas Glück ist die Clan-Burg, für die Sie sich interessieren, nicht nur gut erhalten, sondern auch für den Publikumsverkehr
geöffnet (beispielsweise die Clan-Sitze der MacLeods, Campbells,
McMillans, Brodies, Sutherlands und Leslies).

Besuchen Sie die Ländereien der schottischen Clans: Wir werden
Ihnen die Geschichte des Clans, für den Sie sich interessieren, nahe
bringen. Wenn möglich, werden Sie in einem Gebäude schlafen, das
mit Ihrem Clan in Zusammenhang steht. Im Idealfall handelt es sich
dabei um eine Burg und in außergewöhnlichen Fällen auch um die
Burg des Clan-Oberhauptes. Wenn dies nicht möglich sein sollte,
können wir oft eine bescheidenere Unterkunft für Sie finden, die
dennoch von geschichtlicher Bedeutung ist – vielleicht ein Haus,
das von einem jüngeren Clan-Sohn oder als Mitgift gebaut wurde.

(Alastair Cunningham, Gründer und Chef von Scottish Clans
and Castles Ltd., in: www.clansandcastles.com)

Nachbauen, aber richtig: Was Sie von den Schotten (und den Schweizern) lernen können. Und warum die Clan-Burg auch rosarot sein darf.

Kalt ist es bei den Schotten, regnerisch und ungemütlich. Brutal
geht es zu im Kampf Clan gegen Clan. Totschlag und Vergewal-
tigung. Mord und Raub. Aug um Aug. Zahn um Zahn.

Dies und noch Schlimmeres mag Ihnen in den Sinn kommen, wenn von den schottischen Clans die Rede ist. Und Sie haben auch noch Recht damit: Die Brutalität der Clan-Fehden im schottischen Hochland ist berüchtigt.

Das ist zum Glück aber nur die halbe Wahrheit. Ihr dunkler Teil. Für mich aber ist der Clan nichts Kaltes, nichts Dunkles. Im Gegenteil. Mich spricht die andere Hälfte der Wahrheit an. Jene, die ihn ins Licht setzt. Und von dieser Hälfte sollten wir lernen. Sie schickt strahlenden Glanz aus dieser düsteren Zeit bis zu uns herauf. Denken wir nur an jenen Grundsatz, der im Clan nicht nur die Kräftigen und Muskulösen zum Zug kommen lässt, sondern auch den Schwächeren ihren Platz sichert. Oder an die Regel, nach der eine Clan-Zugehörigkeit nicht zwangsläufig eine Blutsverwandtschaft voraussetzt.

Ich habe während der Recherchen zu diesem Buch immer wieder meinen eigenen Clan zu Rate gezogen. Habe Kollegen und Freunde befragt. Mich mit Historikern beraten und anderen Wissenschaftlern. Ich habe mir das dicht geflochtene Netz des Heller-Clans immer wieder zunutze gemacht. Und siehe da: Besonders mächtig wurde der Strom aus Anmerkungen, Hinweisen und Erzählungen immer dann, wenn die schottischen Clans das Thema waren.

»Die Clans wählen ihre Oberhäupter in regelmäßigen Meetings aus (Wahlvorgang!)«, formulierte ein Mitarbeiter in einer E-Mail.

Eine Kollegin informierte mich: »Die Clans sind nicht nur den Angehörigen einer Familie zugänglich, sondern auch nicht blutsverwandten Menschen. Wer aus einem Clan ausgestoßen wurde, konnte in einem anderen um Aufnahme ersuchen. Er musste sich dann beweisen und hatte eine Treueschwur zu leisten. Er hatte eine Probe seiner Stärken und seiner Fähigkeiten zu bestehen. Auf diesem Weg kamen mitunter sogar Ausländer in den Clan.«

Einer anderen Kollegin verdanke ich dieses Zitat: »Auch die Schwächeren unter uns, die nicht mit großer Muskelkraft gesegnet sind, sollen einen Platz in unserem Clan haben.«

Und diese Beobachtung: »Der Clan-Chef sah sich als ›Father‹ gegenüber seinen ›Children‹. Er hatte diesen gegenüber eine Verantwortung auch wirtschaftlicher Natur.«

Schnell wurde mir klar, dass die Geschichten von den schottischen Clans durch mein Nachfragen mit einem Mal zum Spiegel meines eigenen Clans geworden waren: Was Mitarbeiter, Freunde und Partner auf meine Anfragen hin formulierten, waren eigentlich Ansprüche, die an mich, die an unseren eigenen Clan gerichtet waren:

Den Schwächeren so viel Schutz bieten, dass sie im Gegenzug den Clan mit ihren Fähigkeiten stützen können? Das ist einer der Grundsätze des Heller-Clans: Wir haben eine Verantwortung jenen Menschen gegenüber, die unserem Clan angehören – besonders auch dann, wenn es einem von ihnen schlecht geht.

Den Frauen eine starke Position einräumen? Keine sexistische Diskriminierung zulassen? Das sind selbstverständlich auch unsere Werte. Wir sorgen im Clan dafür, dass den Frauen alle Türen weit offen stehen.

Einen familiären Umgang mit jenen Menschen pflegen, die zum Clan gehören und doch nicht im eigentlichen Sinne verwandt miteinander sind? Das war schon in den schottischen Clans so. Und ist heute im Heller-Clan eine Selbstverständlichkeit: Mit wem man verwandt ist, kann man sich nicht aussuchen; frei wählen kann man aber, in welchem Clan man gerne leben und arbeiten will. Nicht das Blut muss unser Bindemittel sein, sondern der freie Wille und die Loyalität.

Feiern, wenn es Grund zum Feiern gibt? Ja, selbstverständlich: So, wie wir in schlechteren Zeiten zusammenhalten und Maß halten, so werden wir jede gute Gelegenheit für ein Fest nützen.

Die Clan-Farben? Die Trutzburgen? Die Wappentiere? Immer wieder zeigen sich Parallelen zwischen den schottischen Clans und unseren heutigen. Immer wieder zeigt sich, dass wir aus der Geschichte lernen können. Wie so oft schon hat mir also auch an dieser Stelle das Engagement meiner Mitarbeiter die Augen erst ganz geöffnet: Wer einen Clan aufbauen will, wer den Clan Value entdecken will, der sollte bereit sein, von Vorbildern zu lernen.

ZETTEL [ ] KASTEN

Geschichte der Schottischen Clans

Das englische Wort Clan stammt aus dem gälischen »clann« und heißt übersetzt »Kinder«, »Abkömmlinge«, »Stamm« oder »Familie«. Die Sippe kann den gleichen Namen haben wie das Gebiet, in dem sie lebt, und einen bestimmten Clan-Chief anerkennen. Es ist dagegen falsch, dass alle Schotten gleichen Nachnamens demselben Clan angehören, genauso wie es falsch ist, dass jeder Clan einen Häuptling haben muss.

Unterschieden wird zwischen drei Kategorien von Clans:

Zur wichtigsten Gruppe gehören Clans wie die Campbells, die MacDonalds, die Gordons und vielleicht noch Clan Chattan und die Mackenzies, die über große Gebiete herrschten. Sie alle zerschlugen kleinere Clans und übernahmen diese und deren Land mit Macht, durch Einheirat oder geschicktes politisches Agieren. Darüber hinaus hatten sie oft auch auf nationaler Ebene großen politischen Einfluss.

Die zweite Kategorie mit etwas weniger Einfluss waren die Frazers, Gunns, Macphersons, **Maclachlans**, Macleans und Macleods. Dazu gehörten ebenfalls kleine Familiengruppen wie der Kennedy Clan.

Schließlich gab es Clans, die Titel oder Namen hatten wie z. B. »Clan der Nacht« (die Morrisons von Mull), »Clan der Briten« (die Galbraith Familie von Gigha) oder der »Clan der Kinder Raigns« (die Rankins).

Generell sind die Clans mit dem Hochland und den Inseln verbunden und nur zu einem geringeren Teil in den Randgebieten, wie z. B. den Borders und Galloway, heimisch. Im Zentralbereich Schottlands und im größten Teil des Flachlands sind solche Verwandtschaftsgruppen schon sehr früh durch das Feudalsystem verdrängt worden.

Ursprünglich gehörte das Land der Clangemeinschaft und wurde vom Chief verwaltet; nach dem Lehensrecht wurde aber das ganze Land königliches Eigentum. Die Loyalität der Clanangehörigen gehörte traditionell ihrem Chief; sie sahen sich keinesfalls als direkte Untergebene des Königs.

Das Zusammengehörigkeitsgefühl der Clans wurde vor allem durch die Unabhängigkeitskriege (1296-1314) erzeugt. Die 21 Clans, die sich damals auf dem Schlachtfeld von Bannockburn versammelten, hatten ein gemeinsames Ziel: die Freiheit des schottischen Volkes von jeglicher Fremdherrschaft.

Bis zum Ende des 14. Jahrhunderts hatten sich die meisten Clans etabliert. Die Clanchiefs hausten z. T. recht fürstlich auf ansehnlichen – wenn auch kalten – Trutzburgen. Wie Feudalherren verpachteten sie Ländereien an ihre Untergebenen. Einem Clan anzugehören, hieß nicht nur, in ein soziales Netz eingebunden zu sein, sondern beinhaltete auch Pflicht zum Kriegsdienst für den Herrn.

(http://de.wikipedia.org/wiki/Geschichte_der_Schottischen_Clans)

Ich selbst gehe – seit ich dem Clan Value auf der Spur bin – mit einem gut trainierten Spürsinn durch die Welt, immer auf der Suche nach Beispielen, die mich weiter anregen, die meine These bestätigen. Ich ziehe also Menschen zu Rate, die »Familyness« in der Praxis leben. Menschen, die ihr Unternehmen als Familie verstehen. Menschen, die ihren Betrieb entsprechend führen. Dabei ist es ganz egal, ob dies nun Schotten, Österreicher, Deutsche oder Schweizer sind.

Menschen wie Konstanze von Allmen zum Beispiel. In ihr habe ich eines der überzeugendsten Beispiele für meine These gefunden. Ihre Erfahrung ist wertvoll für all jene, die den Clan Value realisieren wollen: Je enger Mitarbeiter, Lieferanten und

Kunden in den Clan eingebunden sind, umso größer ist der daraus resultierende Clan Value.

Konstanze von Allmen selbst sieht im Zusammenwachsen ihres Clans auch den Schlüssel für die Zukunft ihres Unternehmens: »Für den Mut, gegen den Willen eines ganzen Familienclans eine Deutsche zu heiraten, für diesen Mut ist mein Mann und sind wir beide schon bisher reichlich belohnt worden. Inzwischen bin ich im Clan aber fest verankert und anerkannt. Dass wir das geschafft haben, das gibt mir neue Kraft und noch mehr Mut für die Zukunft.«

Konstanze und Dieter von Allmen haben aus seinem Erbe einen Musterclan gemacht: Sein Großvater hatte 1932 im Berner Oberland die Schuhmanufaktur Kandahar gegründet. Ursprünglich auf die Produktion von Skischuhen für den feinen englischen Skiclub »Kandahar« spezialisiert, entwickelte Dieters Vater Fritz von Allmen in den fünfziger Jahren jenen legendären Apres-Ski-Schuh aus Seehundfell, der in den sechziger Jahren in vielen Ländern das Bild des Winters prägte.

»Wir haben die Kraft der Retrowelle genützt und diesen Schuh vor ein paar Jahren noch einmal neu erfunden«, erzählt Konstanze von Allmen eine Clan-Episode:

»Mit einer neuen Sohle und in frischen Farben haben wir den Klassiker mit dem Frontreißverschluss in einer Vintage-Serie wieder auf den Markt gebracht. Weil es mir wichtig ist, den Kontakt zu unseren Kunden zu pflegen, habe ich im Rahmen der Marketingmaßnahmen für diesen Schuh meine Handy-Nummer öffentlich gemacht. Seither bekomme ich Anrufe von Menschen, die mir Geschichten aus ihrer Kindheit erzählen.

Eine Frau hat mir geschildert, wie bei ihr zu Hause der Kandahar-Schuh als Kinderfamilienschuh getragen wurde: Er gehörte einen Winter lang immer dem Kind, das gerade die richtige Schuhgröße hatte. Im nächsten Winter kam das nächste Kind in den Genuss.

Seit sich solche Geschichten bei mir sammeln, habe ich verstanden, dass unser Clan auch die Stammkunden umfasst. Wir verkaufen denen nicht einfach Schuhe, wir vermitteln ihnen auch Emotionen. Und das verbindet: Unsere Kunden, unsere Mitarbeiter und wir haben über diesen Vintage-Schuh ein Gefühl der Zusammengehörigkeit entwickelt. Dieser Schuh symbolisiert somit auch das Wachsen und den Zusammenhalt unseres Clans.«

HELLER ✦ BELEUCHTET

Vom Kandahar-Clan lernen

Sie ist eigentlich Deutsche. Von den schottischen Clans hat sie gelernt, ohne es zu wissen. Und erfolgreich ist sie als Chefin eines Schweizer Schuhmacher-Clans: Den Erfahrungsschatz, aus dem Konstanze von Allmen in unserem Gespräch zwei Stunden lang schöpfte, hat sie in 26 Jahren angehäuft. Heute weiß sie, dass ihre Erfolge ohne »meine harmonische Familie« nicht denkbar wären:

»Mein Mann ist der Techniker, der Manager im Stillen, der Entwickler, der Denker. Ich bin dagegen der kommunikative Typ, ich habe das Unternehmen nach außen geöffnet.

Weil ich aber nicht vom Fach bin, musste ich mir das Wissen über die Schuhmanufaktur Stück für Stück aneignen. Mühsam aneignen. Ich bin immer und immer wieder zu den Angestellten unseres Betriebes gegangen und habe sie gefragt, wie sie dies machen und jenes. Ob sich dies nicht so machen ließe oder jenes gar verbessern. Irgendwann habe ich gemerkt, dass man mir für dieses Interesse, für dieses Engagement ein gewisses Maß an Respekt entgegenbringt.

Man muss die Menschen ernst nehmen. Heutzutage findet man ja kaum noch Halt. Immer mehr Menschen arbeiten über das Internet. Sie haben virtuelle Jobs, bei denen sie vereinsamen und verrohen. Ihr soziales Netz geht verloren. Wer einen Betrieb aufbauen will, muss solche Dinge ernst nehmen. Er muss in einem ersten Schritt die Mitarbeiter um sich herum aufbauen und coachen und betreuen. Er muss sich für sie interessieren, wenn er ein Unternehmen organisieren will. Egal, wie groß der Betrieb einmal werden soll: Zuerst und immer wieder muss man in seine Mitarbeiter investieren und ihnen die gemeinsame Unternehmensidee einpflanzen.

Das ist ein langwieriger, ein harter Prozess. Aber heute weiß ich, dass er sich lohnt: Es arbeiten nur 22 Leute mit uns, aber wir leben in unserem Unternehmen zusammen wie eine Familie. Jeder Einzelne ist ein wichtiges Glied unserer Kette. Wenn es einem nicht gut geht, dann leiden alle anderen mit. Die Basis, das A und das O unseres Zusammenarbeitens, sind der Respekt und die Wertschätzung.

Auf diesem starken Fundament können wir Tag für Tag aufbauen. Jede Sparte unseres Unternehmens stützt sich darauf: Der Umgang zwischen meinem Mann und mir, der Umgang mit unseren Mitarbeitern, mit unseren Kunden, mit den Wiederverkäufern – alles basiert auf Respekt und Wertschätzung.

Das verstehen letztlich auch die Kunden: Ich habe irgendwann bei einer Dame in einem ganz extremen Fall erkannt, dass ihre Füße genauso ausschauen wie ihre Hände. Für diesen Zusammenhang habe ich mich seither interessiert. Und heute kann ich jemandem, der ins Geschäft kommt, geradewegs sagen, dass ihm dieses oder jenes Modell nicht passen wird. Bei manchen ist die Enttäuschung groß, wenn ich ihnen einen Schuh ausrede, der ihnen gut gefällt. Manche fragen mich pikiert, woher ich denn wüsste, ob ihnen der Schuh passe – sie hätten ihn ja gar nicht anprobiert.

Ich kann diesen Menschen dann klar machen, dass wir beide nicht glücklich werden mit einem Schuh, der nicht passt. Es gibt sogar Menschen, denen ich klar sagen musste, dass ich leider keinen passenden Schuh für sie habe.

Ich verstehe das als respektvollen Umgang miteinander: Diesen Menschen erspare ich jede Menge Frust. Und mir erspare ich, dass sie schlecht über unsere Schuhe reden. Der Respekt verbindet uns also auch dann, wenn sie nichts bei mir kaufen.«

Warum Konstanze von Allmen mit ihren Mitarbeitern weint, ihren Kunden duftende Kuchen backt und ihren Mann in der größten Krise des Unternehmens vor dem Aufgeben bewahrt hat – davon später. Warum sie auf ihren Clan und ihre Schuhe so stolz ist, erzählt sie Ihnen gerne persönlich am Telefon (+41/7870-77872) oder auf ihrer Website (www.kandahar.ch).

Beinahe hätte ich sie vergessen, die Frage nach der Clan-Burg:

Brauchen moderne Unternehmen wirklich eine Clan-Burg? Macht so ein altertümliches Bauwerk in unserer flüchtigen, mobilitätsfixierten Welt überhaupt noch Sinn?

Die Burg ist in erster Linie für uns selber wichtig. Wir wollen ja kein Drohgebäude aufrichten. Wir wollen uns nicht von der Welt abschotten. Wir wollen einfach nur einen Schutzwall um uns herum.

Wenn wir uns den Clan in einer Burg denken, dann kann man ihm eigentlich nichts anhaben. Vorausgesetzt, die Burg ist nicht auf Sand gebaut: Ein Fundament aus Liebe und Wertschätzung, aus Respekt und Achtung ist so stark wie ein Fels in der Brandung. Eine Burg, die auf so einem Felsen steht, wird uns gegen alle Angriffe schützen. Gegen die Krisen des Geschäftslebens ebenso wie gegen den Neid der Missgünstigen.

Nichts kann so viel Sicherheit bieten wie diese Burg.

HELLER  BELEUCHTET

Meine erste Burg

Mag ja sein, dass ich am Anfang ein bisschen übertrieben habe: Meine erste Unternehmens-Burg erstrahlte jedenfalls in saftigem Pink.

Die finanziellen Mittel, die wir zur Gestaltung unserer Arbeitsräume einsetzen konnten, waren in den ersten Jahren äußerst bescheiden. Wir wählten statt nobler (sprich: teurer) Zurückhaltung einen schrillen (sprich: günstigen) Auftritt. Und so war bald alles in unserem Büro – wirklich alles – entweder pink oder grau. Die Wände rosa, die Möbel grau, der Blumenschmuck rosa. Druckerfarben, Visitenkarten, Briefpapier, Kuverts, Schreibblöcke, Büroklammern – alles in Rosa oder in Grau oder in einem rot-grauen Muster gehalten. Beim Eröffnungsfest trugen wir rosa Kleider, rosa

56

Lippenstift. Wir bastelten Namensschilder mit rosa Schleifen. Wir reichten farblich abgestimmte Desserts – *Petits fours* mit rosafarbenem, mit grauem und mit weißem Zuckerguss.

Über Geschmack lässt sich bekanntlich streiten. Unbestritten aber ist, dass jeder Clan seine Burg braucht. Unsere rosagraue Phase signalisierte jedem unser starkes Zusammengehörigkeitsgefühl: Die Klienten, die Mitarbeiter, deren Angehörige, unsere Freunde, die Kollegen in unseren Partnerbetrieben – ihnen allen habe ich so klar gemacht, dass unser Unternehmen etwas Besonderes ist.

Meine Pink-Fixierung ist mittlerweile überwunden und aufdringlich gefärbte Lebensmittel wurden auf unseren Buffets schon länger nicht mehr angeboten.

Die Idee der Clan-Burg aber haben wir ausgebaut: Egal, ob man in Wien oder in Dubai mit dem Heller-Clan zu tun hat – an jedem Unternehmensstandort signalisiert unsere Burg Stärke, Schutz und Sicherheit.

Der Rohbau:
Warum Strategie, Struktur und Kultur im Clan so wichtig sind.

Nimmt man ein Lexikon zur Hand, so findet sich unter dem Stichwort »Rohbau« folgender Eintrag: »der erste Abschnitt einer Bauausführung, der den tragenden Teil des Gebäudes sowie Schornsteine, Brandwände, Treppen und Dachkonstruktion umfasst«. Beim Errichten eines solchen Rohbaus kommen Materialien unterschiedlicher Textur zum Einsatz, harte und geschmeidige, grobe und feine. Steine, Ziegel und Beton, diverse Hölzer, Metalle.

Für den Aufbau eines widerstandsfähigen Clans müssen also neben guten Ideen und Plänen auch die geeigneten Materialien verfügbar sein. Mehr noch: All das muss in einer Art zusammengezimmert werden, dass es am Ende noch stärker, noch haltbarer ist, als die Summe der einzelnen Bestandteile vermuten ließe.

Ganz konkret also: Wir müssen für diesen Rohbau eine Clan-Strategie, eine Clan-Kultur und eine Clan-Struktur entwickeln.

Weil auf diesen Elementen das Gewicht unseres Clan-Unternehmens lasten soll, müssen sie beim Einbau perfekt aufeinander abgestimmt werden: Eine Clan-Strategie, die nicht ausreichend entwickelt wurde, gefährdet die Tragfähigkeit des ganzen Gebäudes. Eine Zeit lang würde der Bau vielleicht auch stehen bleiben, wenn sich da oder dort Risse im Fundament zeigen. Vielleicht kann eine besonders starke Clan-Kultur für eine Weile die Mängel in der Struktur des Clans überdecken. Auf Dauer aber wäre die Konstruktion nicht bestandsfähig. Eine leichte Brise könnte sie schon zum Einsturz bringen.

Nur wenn der Rohbau bis ins letzte Detail durchdacht und stimmig ist, wird der Clan eines Tages sein wichtigstes Ziel erreichen: möglichst leistungsstark zu sein und ein möglichst gutes Geschäftsergebnis zu erzielen.

Was wir darunter verstehen, wird uns später noch ausführlicher beschäftigen: Geht es beim Erfolg eines Unternehmens nur darum, einen möglichst großen Shareholder Value zu schaffen? Oder lässt er sich nicht auch daran messen, ob sichere Arbeitsplätze geschaffen werden? Ob das Unternehmen seinen Mitarbeitern ein Gefühl der Geborgenheit und der Sicherheit vermitteln kann? Ob es im Leben derer, die mit ihm zu tun haben, Sinn stiftet?

Nach all dem, was Sie bisher über den Clan Value gelesen haben, werden Sie meine Antwort auf diese Fragen vielleicht erahnen. Trotzdem will ich (hinter der ersten Tür, auf Seite 65) auf die ökonomischen Ziele des Clan-Unternehmens eingehen – schließlich sind sie der eigentliche Grund, warum Klienten meinen Rat als Unternehmensberaterin suchen.

Neulich beim Friseur

Zu den Privilegien meines Berufs gehört es, Menschen in ganz unterschiedlichen Lebenslagen zu treffen. Mit den beiden jungen Männern, die einen hippen Wiener Friseursalon führen, bin ich seit Jahren bekannt. Erst war ich dort nur Kundin. Mittlerweile berate ich die beiden. Doch zwischen der einen und der anderen Erfahrung liegen Welten:

Als Kundin wurde ich auf deren »Schnittbogen« – so oder ähnlich heißen Friseurläden heutzutage in Wien, Zürich und Berlin – aufmerksam, nachdem ich eine ihrer stadtbekannten Partys besucht hatte. Als Beraterin engagierten mich die »Schnittbogen«-Partner aber erst später, als ihr Geschäft in ernsthafte Schwierigkeiten geraten war.

Von Anfang an war das Unternehmen mit einer klaren *Strategie* ideal ausgerichtet: Man stilisierte das Haareschneiden zum Fest, die Kunden wurden wie Festgäste behandelt. Auch die *Kultur* war klar: Der Salon lud zum Verweilen ein, nach dem Schnitt blieb man noch beim Kaffee sitzen, ließ sich im Plauderton beraten und zum Kauf neuer Pflegeserien animieren. Und selbst wenn dies im ersten Moment wie ein Widerspruch klingt: Die *Struktur* war gut, weil anarchisch. Die beiden Partner hatten ihren Ruf, Chaoten zu sein, ins Positive gewendet: Ihre Kundinnen schätzten diese Eigenschaft als kreativ. Und strömten in Scharen zum »Schnittbogen«.

Irgendwann ist die Sache gekippt. Anfangs hatte die Terminverknappung, die durch Weiterempfehlungen entstanden war, als Marketing-Maßnahme gewirkt: Je schwieriger es war, einen Termin zu ergattern, umso stärker der Andrang. Mit einem Mal kehrte sich dies ins Gegenteil: Termine platzten, Kundinnen zankten sich, im Warenlager gähnten Lücken. Die Euphorie hatte die Jungunternehmer obendrein zu Investitionen verführt, die nicht betriebsnotwendig und für die Außenwirkung fatal waren: ein fetter Porsche war zum Sinnbild für den aus der Façon geratenen Friseurladen geworden.

Gemeinsam ist es uns gelungen, dieses Clan-Unternehmen wieder auf Schiene zu setzen: Heute – zwei Jahre später – sind Strategie, Struktur, Kultur klar

definiert und neu aufeinander abgestimmt: Der
Porsche ist verkauft, der »Schnittbogen« in ein
größeres Lokal übergesiedelt, Kundinnen und
Mitarbeiter treffen in einer familiären Atmosphäre aufeinander. Dem weiteren Ausbau
des Clans steht also nichts mehr im Weg.

Wenn ich mit Notfällen wie dem »Schnittbogen« konfrontiert
bin, nehme ich mir die Zeit, meine Klienten ausführlich zu be-
fragen. Das Muster eines solchen Gesprächs zeigt den Rohbau
eines Clan-Unternehmens deutlich wie ein Röntgenbild:

Erst geht es stets darum, die Tauglichkeit einer Unterneh-
mensstrategie zu überprüfen. Ich will also herausfinden, was
dieses von anderen Unternehmen unterscheidet. Ich frage meine Klienten nach dem Leitbild ihrer Firma, nach der Philosophie, nach der Einzigartigkeit:

Wie unterscheidet sich Ihr Clan, Ihr Unternehmen, Ihre Organisation von denen der Mitbewerber? Wo stehen Sie im sozialen, kommunalen, nationalen oder internationalen Umfeld?

Oder, in der Sprache der Unternehmensberater: Was ist Ihr
erstrangiges Alleinstellungsmerkmal? (Oder, für die Feinspitze
des Fachs noch weiter ausgeführt: Wie wird dies in den Bereichen Corporate Identity, Corporate Design, Corporate Colours,
Corporate Behavior umgesetzt?)

Dann frage ich nach der Geschäftsethik und versuche, die
Wertewelt des Unternehmens möglichst gut zu verstehen.

In einem zweiten Durchgang wende ich mich der Organisa-
tionsstruktur zu. Ich frage also nach der Verfassung des Clans:
Wie ist das Unternehmen aufgebaut? Wie sieht das Organigramm aus? Wie sind Aufgaben, Kompetenzen und Verant-
wortungen verteilt? Wie laufen die Geschäftsprozesse ab? Wie
werden flexibles und diszipliniertes Handeln in eine gesunde
Relation zueinander gesetzt?

Zum Schluss analysiere ich die Kultur des Unternehmens: In welchem Ton wird miteinander gesprochen? Wie gehen die Angehörigen eines Clans intern miteinander um und wie mit ihren Clan-Partnern (Kunden, Lieferanten, Dienstleistern, Banken, Ämtern, Öffentlichkeit)? Wie werden Konflikte gelöst? Und: Werden sie in Chancen verwandelt? Wie ist Disziplin im Unternehmen definiert? Wir werden interkulturelle Unterschiede im Alltag wahrgenommen? Wie wird auf individuelle Probleme und private Anliegen im Hinblick auf einen optimalen Geschäftsablauf reagiert?

Auf all diese Fragen bekomme ich von meinem Klienten mehr oder weniger ergiebige Antworten. Doch ganz zuletzt bleibt immer eine simple Frage, deren Antwort ich dem Klienten schulde:

Wie stellen wir nun sicher, dass diese drei Elemente – Strategie, Struktur und Kultur – so stark miteinander verbunden und so gut aufeinander abgestimmt sind, dass unser Clan erfolgreich arbeitet?

Dieses Buch gibt Ihnen eine Antwort auf diese Frage. Meine Klienten, meine Kollegen, meine Leser: Sie stehen nun – gut vorbereitet – in der Eingangshalle unseres Clan-Musterhauses.

Vor Ihnen, links und rechts von Ihnen, sehen Sie: Türen.

Hinter Ihnen tun sich Räume auf, die Ihnen Anregungen und Ideen bieten sollen. Räume, in denen Sie sich über die Macht im Clan oder über die Werte des Clans informieren können. Räume, in denen ich Ihnen Rituale, Spielregeln und Sanktionen erläutern will, in denen sich Jung und Alt treffen und in denen Sie neue Kräfte sammeln können.

Machen Sie sich auf den Weg. Öffnen Sie eine Tür. Am Ende sollten Sie wissen, wie Ihr Clan Strategie, Struktur und Kultur möglichst erfolgreich aufeinander abstimmen kann. Am Ende sollten Sie also erkennen, wie auch Sie vom Clan Value profitieren können.

Am Ohr des Manitou

Ich wurde schon von vielen, sogar von sehr vielen »Indianerschrift-stellern« besucht; aber es gab keinen, wirklich keinen Einzigen unter ihnen, der von dem Allerersten, was man da zu studieren hat, nämlich von den Clanverhältnissen, etwas wusste. (…)

Freilich darf man das Wort Clan (sprich: Klänn) hier nicht im englischen resp. schottländischen Sinn nehmen. Es wurde ein Clan der Wahrhaftigkeit, der Treue, der Wohltätigkeit, der Beredsamkeit, der Ehrlichkeit gegründet. (…)

Der leichteren Unterscheidung wegen und um ein sichtbares Erkennungszeichen zu ermögli-chen, nahm jeder Clan den Namen irgendeines Tieres an, dessen Bild als Merkmal diente. (…) Es gab einen Clan der Adler, der Geier, der Hirsche, der Bären, der Schildkröten und so weiter.

In einen solchen Clan konnte ein jeder eintreten, wes Stammes er immer war. Selbst der Todfeind wurde angenommen und aus allen Kräften beschützt und unterstützt, wenn er die ihm auferlegte Bedingung treu und ehrlich erfüllte. So sehr zum Beispiel die Kiowas und die Navajos einander hassten und sich gegenseitig bis auf Blut und Tod verfolgten, sobald sie sich als Mitglieder eines Clans erkannten, war diese Feindschaft augenblicklich und für stets vergraben. Man kann sich denken, wie segensreich diese Clans wirkten!

Leider, leider aber hörte das auf, als die »Bleichgesichter« erschienen und ihnen gestattet wurde, auch beizutreten. Sie nützten die Clans nur für ihre persönlichen Zwecke aus und steckten die Vorteile ein, die ihnen daraus erwuchsen, ohne aber ihren Verpflichtungen nachzukommen. Dadurch büßten die Clans ihren guten Ruf, ihre moralischen Kredite ein und somit auch die großen, sozialen Wirkungen, auf welche hin sie von ihren Gründern berechnet waren. Es blieb der Zukunft vorbehalten, ob sie überhaupt wieder aufleben würden oder nicht.

Immer waren die Clans nach Tieren benannt, niemals aber nach einem Menschen. Wenigstens ist es mir nicht erinnerlich, von einem solchen Fall gehört zu haben. Vielmehr war ein solches Beispiel jetzt soeben zum ersten Mal an mich herangetreten: ein Clan mit dem Namen Winnetou! Denn dass es sich um einen Clan handelte, verstand sich ganz von selbst, und das Erkennungszeichen für die Zugehörigen war der zwölfstrahlige Stern, den der »junge Adler« und Aschta an ihren Gewändern trugen. (…) Welchen höheren Zweck hatte dieser Clan? Und welche Verpflichtungen legte er seinen Mitgliedern auf? Ich fragte nicht, denn ich hoffte, es sehr bald zu erfahren.

(Aus: Karl May: Winnetou IV. Drittes Kapitel: Am Ohr des Manitou,
Karl May Verlag, Bamberg 1984)

ZETTEL ███ KASTEN

Fallstudie: »Resistent gegen alle Krisen«

Sie werben mit wild gewordenen Torhütern für Rasierwasser, beliefern Aldi mit billigem Waschmittel und helfen der Jugend zu verhüten. Die Industriellenfamilie Wirtz aus Aachen weiß, was Deutschland braucht – und beweist seit 160 Jahren, dass Unternehmen in Familienhand funktionieren.

Es gehört zur guten Tradition, dass die Aachener Fabrikanten die überregionale Öffentlichkeit meiden wie der Teufel das Weihwasser. Ihre Artikel hingegen stehen im Bekanntheitsgrad dem Wahrzeichen ihrer Stadt, dem Aachener Dom, in nichts nach. In Supermärkten dieser Republik liegt ihr Waschmittel aus, zum Beispiel »Tandil« bei Aldi. Drogerien verkaufen ihre Hautwässerchen von »Betty Barclay« bis zum scheinbar unsterblichen »Tabac«.

Insgesamt zählt die Wirtschaftsauskunftei Creditreform 19 Personen – sechs Männer und 13 Frauen – zum Gesellschafterkreis. Mehrmals jährlich treffen sich die Eigentümer, die weit verstreut über die Bundesrepublik leben, auf Gesellschafterversammlungen. Von Beruf sind die Eigentümer unter anderem Architekt, Rechtsanwalt, Grafikdesigner, Student und Hausfrau.

Die bunte Mischung scheint dem Geschäft nicht abträglich zu sein. Von Streitereien hat die Öffentlichkeit noch nicht erfahren. Einen nicht unerheblichen Anteil am Familienfrieden hat sicherlich die Existenz des Familienbeirates, der überwiegend familienfremd zusammengesetzt ist. Auf professionelle Organisationsstrukturen legt der Industriellen-Clan viel Wert.

(Martin Scheele, in: www.manager-magazin.de, 14. 2. 2005)

63

Die erste Tür

So funktioniert der Clan.

»Die Angehörigen eines Massai Clans, welche die Kunst, Regen zu machen, verstehen sollen, dürfen sich die Bärte nicht ausreißen, weil der Verlust ihrer Bärte, wie man glaubt, den Verlust ihrer regenmachenden Kräfte nach sich ziehen würde.«

(James George Frazer: Der goldene Zweig.
Das Geheimnis von Glauben und Sitten der Völker,
© 2000 by Rowohlt Verlag GmbH, Reinbek bei Hamburg)

Willkommen im Clan: Über die Räume und ihr Inventar.

Jetzt habe ich Sie also dort, wo ich Sie haben wollte: mittendrin.

Sie haben einen ersten Schritt gemacht (danke!). Sie haben das große Tor geöffnet und die dahinterliegende Eingangshalle erkundet. Sie haben dort von den rauen Sitten der schottischen Clans und von der zielstrebigen Sanftheit einer Schweizer Clan-Chefin gelesen. Und jetzt haben Sie auch noch die erste Tür aufgemacht.

An dieser Stelle muss ich Sie kurz warnen: In einem der Räume, die Sie nun betreten, werden Sie auch einen kleinen »Exkurs über den Sex im Clan« finden. Dass dies eine brandgefährliche Sache ist, wissen zumindest all jene unter Ihnen, die Jean Gabin im grandiosen französischen Mafia-Film »Le Clan des Siciliens« gesehen haben.

Ich weiß natürlich, dass Sie nicht deshalb hierher gekommen sind. Das Reißerische ist Ihre Sache nicht. Das Schmuddelige sowieso nicht. Die Schlagzeile »Der Kennedy-Clan: Sex, Drugs, saure Gurken« würde Sie nie zum Kauf einer Illustrierten bewegen. Und auch Kitty Kelleys saftig-unkorrektes Enthüllungsbuch über den Bush-Clan (»Sex, Drogen und brutale Politik«) haben Sie ausgelassen. Sie sind schließlich, deswegen lesen Sie Bücher wie dieses hier, ein ernsthafter Mensch.

Trotz alledem: Ich kann Ihnen (und mir) das Thema nicht ersparen. Wer wissen will, wie der Clan funktioniert und wächst und gedeiht, muss die Regeln kennen. Und die Grenzen. Wer über Werte und Gefühle im Clan sprechen will, wird sich mit Grausen auch an jene Weihnachtsfeier erinnern, bei der uns der Prokurist nach einigen Gläsern Sekt-Orange immer näher ... Nun, genau davon später mehr: Auf Seite 105 verrate ich Ihnen, warum Sie den Film über den »Clan der Sizilianer« auf jeden Fall sehen sollten. Fürs Erste will ich die Sache nur mit einem kleinen Zettelkasten illustrieren.

ZETTEL  KASTEN

Der korrekte Umgang mit der Trinkerei

Man kann nicht vorsichtig genug mit seinem Verhalten bei Feiern sein. Wie ich auf verschiedenen Festen beobachten konnte, beugen sich die meisten Männer über nichts anderes als ihre Getränke. Trinken ist erlaubt, tut es jemand dann, wenn er es tun sollte. Wenn nicht, sieht er schmachvoll und plump aus, seine täglichen geistigen

Gewohnheiten und sogar sein wahrer Charakter offenbaren sich. Sei dir klar darüber, dass ein Fest eine öffentliche Funktion hat.

(Tsunetomo Yamamoto: Hagakure. Der Weg des Samurai,
Piper Verlag, München 2000)

Nun aber zum Grundsätzlichen: Jeder Clan braucht Regeln. Was der britische Ethnologe Sir James Frazer von den Regenmachern bei den Clans der Massai erzählt hat, schildert uns der Japaner Yamamoto Tsunetomo am Beispiel der Clans der Samurai: Das Leben im Clan basiert auf einem klaren Verhaltenskodex.

Tsunetomo war im Jahr 1668 – als Neunjähriger schon – in den Dienst des zweiten Fürsten des Nabeshima-Clans berufen worden. Im Alter dann ordnete er die Lehren dieses Samurai-Clans für jenes Regelwerk, das heute als Hagakure bekannt ist. Wer zeitlose Weisheiten schätzt, dem sei das Büchlein hiermit empfohlen:

»Ein Gefolgsmann des Nabeshima-Clans benötigt weder übertriebene Lebenskraft noch besonderes Talent. Er muss nur bereit sein, den ganzen Clan auf seinen Schultern zu tragen. Kein Mann ist einem anderen von Geburt an unterlegen. Keine Übung kann Früchte tragen, bevor ein Mann nicht bereit ist, sich als Einzigen im Clan zu sehen, der den Frieden in der Provinz des Fürsten bewahren kann.«

Abgesehen davon, dass wir heute selbstverständlich nicht so Frauen-los denken und formulieren würden, hält das Hagakure viel Anregendes für unsere Zwecke bereit: »Sei zu Besuchern freundlich, auch wenn du beschäftigt bist«, heißt es da ganz simpel. Oder: »Sprich Worte der Ermutigung.« Oder: »Immer nur integer sein vereinsamt.«

Jeder Clan ist auf seinen eigenen Kodex eingeschworen. Auch meiner. »Hab keine Angst«, heißt eine der wichtigsten Regeln im Heller-Clan. »Umsatz um jeden Preis ist kein Ziel für uns«, besagt eine andere. »Uns sind junge Menschen wichtig, im besten Fall sind uns die älteren sogar noch wichtiger«, lautet eine dritte.

Wenn Sie also wissen wollen, wie auch Sie den Clan Value in Ihrem Unternehmen, in Ihrer Familie, in Ihrem Verein realisieren können, dann sollten Sie sich nun hinter den folgenden Türen, sprich: in den folgenden Kapiteln umschauen. Aus meiner eigenen Erfahrung, aber auch aus der anderer Unternehmer schöpfend, werde ich Ihnen in den Räumen hinter diesen vier Türen erzählen, wie der Clan funktioniert.

Wenn Sie über den angstfreien Umgang miteinander lesen wollen, dann sind Sie hier, hinter der ersten Tür, richtig.

Genauso gut könnten Sie aber auch vorgreifen: Die zweite Tür öffnet einen Raum, in dem von der Macht im Clan, von der Kraft der Frauen und von den Gefühlen die Rede ist.

Hinter der dritten Tür erfahren Sie, warum der gemeinsame Lohn wichtig, was Feste und Geschenke, Lob und Tadel im Clan bedeuten. Ich zeige Ihnen dort aber auch, wie der Clan generationsübergreifend funktioniert. Wie aus der Vergangenheit die Zukunft wachsen kann und was die Älteren anstellen sollten, damit auch die Jüngeren etwas davon haben.

Wer schließlich die vierte Tür öffnet, sieht sich mit der Kehrseite der Medaille konfrontiert: Weil nicht immer alles rosarot sein kann, bereite ich Sie hier auf die größeren und kleineren Krisen im Clan vor. Was tun, wenn aus Gruppendynamik Gruppenzwang wird? Was tun, wenn der Neid regiert? Was tun, wenn der Erwartungsdruck ins Unerträgliche steigt? Was also tun, um Ärger zu vermeiden und aus Krisen gestärkt hervorzugehen?

Wenn Sie fürs Erste lieber hier bleiben wollen – auch gut. Dann verrate ich Ihnen gleich eine der wichtigsten Regeln des Heller-Clans:

»Keine Angst! Die brauchen Sie nämlich nicht.«

Der Verhaltenskodex des Clans:
Über das Lachen und den angstfreien
Umgang miteinander.

Hektik, Stress, Misstrauen allüberall. Rüder Umgangston. Kollegen werden gegeneinander ausgespielt, Untergebene wie Fußabtreter behandelt, Vorgesetzte unterwürfigst umgarnt. Motto: Möge der Stärkere gewinnen.

Ein guter Freund berichtet mir regelmäßig über die Hahnenkämpfe bei sich im Betrieb – manchmal mag ich meinen Ohren nicht mehr trauen. Eine Freundin schildert mir fortlaufend, mit welchen Methoden die Herren der Schöpfung ihr und ihresgleichen heute noch das Weiterkommen im Unternehmen verunmöglichen – mit solchen Erzählungen konfrontiert, wähne ich mich mitunter in dunkle, längst vergangene Zeiten zurückversetzt.

Dass ein vergiftetes Arbeitsklima in vielen Betrieben den Alltag prägt, ist eine von vielen Menschen hingenommene Tatsache. Ich bin immer wieder erstaunt, wie selbstverständlich in manchen Unternehmen kreatives Potenzial durch ein Management by Angst vernichtet wird. Längst sollte sich doch herumgesprochen haben, dass das ein teurer Fehler ist: Angst lähmt. Angst macht dumm. Angst kostet Kreativität, kostet Produktivität. Angst kostet Geld.

Viel besser ist: Keine Angst!

Dieser simple Grundsatz gilt in meinem Clan für alle Beziehungen – selbstverständlich auch für die mit unseren Kunden. Wir haben uns im Heller-Clan darauf geeinigt, dass wir ehrlich miteinander umgehen. Dass wir vorsichtig miteinander umgehen. Dass wir höflich zueinander sind. Dass wir lachen, wenn uns danach ist. Dass wir keine Angst haben. Nach dieser Regel richten wir unser Zusammenleben seit Jahr und Tag. Die Folge:

Meine Partner und meine Mitarbeiter sind erfolgreich, weil sie wissen, dass sie sich angstfrei entfalten können.

Manchmal sind wir aber auch mit Menschen konfrontiert, die mit dieser Regel nichts anfangen können. Neue Kunden etwa, die eine Mitarbeiterin anbrüllen. Banker, die einen Kollegen herabwürdigen. Lieferanten, die eine Assistentin schlecht behandeln. Erst sanft und im Bedarfsfall später auch mit Nachdruck versuchen wir, solchen Menschen klar zu machen, dass wir einen anderen Umgang miteinander erwarten. Dass solch ein Verhalten bei uns nicht erwünscht ist.

HELLER  BELEUCHTET

***Was in der Theorie einleuchtend klingt,
ist in der Praxis nicht immer leicht umzusetzen.***

Die Theorie: Wir behandeln einander gut und wir wollen auch von anderen gut behandelt werden. Weil uns bewusst ist, dass nicht jeder Mensch ein *Charmebolzen* sein kann, sind wir vor allzu großer Sensibilität gefeit. Weil uns aber ebenso klar ist, wo unsere Grenzen liegen, reagieren wir, wenn diese überschritten werden: Wer sich wiederholt schlecht benimmt, wer unseren Mitarbeitern gegenüber permanent rüde auftritt (und den Wert einer Entschuldigung nicht kennt), der ist im Heller-Clan fehl am Platz.

Die Praxis: Vor einiger Zeit kam eine erfahrene leitende Mitarbeiterin in mein Zimmer, erkennbar tief getroffen, entsprechend empört, aber vor allem schwer gedemütigt. Sie berichtete mir, dass sie von einem Kunden zum wiederholten Male belästigt worden sei: Am Telefon traktiere er sie mit schlüpfrigen Witzen, bei Besprechungen mit anzüglichen Bemerkungen. Im Übrigen halte er nicht die nötige physische Distanz.

An der Glaubwürdigkeit der Mitarbeiterin – eine welterfahrene Frau, kein Sensibelchen - bestand kein Zweifel. Zumal der Kunde auch mir gegenüber nicht gerade zurückhaltend auftrat. Mir blieb also keine Wahl: Ich musste ein Zeichen setzen und meinem Clan zeigen, dass ich zu meinem Team halte. Ich bat den Kunden um ein Gespräch unter vier Augen, konfrontierte ihn mit dem Vorwurf, erläuterte ihm unsere Regeln. Und kündigte ihm kurzerhand die Zusammenarbeit auf, nachdem er alles bagatellisiert hatte und keinerlei Einsicht zeigen wollte.

Fazit: Der Heller-Clan hat einen potenziell interessanten Kunden verloren, aber an Zusammenhalt und Glaubwürdigkeit gewonnen.

Nun werden manche einwenden, dass einem dadurch so manches Geschäft wohl entgeht. Das mag – kurzfristig gesehen – richtig sein. Die Erfahrung zeigt allerdings, dass sich eine konsequente Haltung auf längere Sicht ganz deutlich bezahlt macht: Weil wir unsere Zeit nicht an Menschen vergeuden, die nicht zu uns passen, bleibt mehr Zeit für den Clan. Je weniger Laufkundschaft wir haben, umso stärker entwickeln sich qualitativ wertvolle Kundenbeziehungen. Je besser die Kundenbeziehung, umso weniger leere Kilometer: Im Clan wissen wir ziemlich genau, was unser Gegenüber von uns erwartet – wir können ihm daher mit weniger Aufwand und in kürzerer Zeit zu seiner Zufriedenheit zu Diensten sein.

Die Kundenbindung ist in einem Unternehmen, das als Clan organisiert ist, nämlich wesentlich stärker als bei anderen Unternehmen. Eine simple Verkäuferweisheit sagt, dass etwa sieben Mal mehr Anstrengung, Zeit und Kosten aufgewendet werden müssen, um einen neuen Kunden zu gewinnen, als einem bestehenden Kunden neue Produkte zu verkaufen. Eine gut gepflegte Beziehung zu einem langjährigen Kunden ist für ein Unternehmen also ungleich rentabler, als es die Suche nach neuen Kunden je sein kann.

Genau das gilt auch für die Mitarbeiter: Je länger sie bei uns sind, umso wertvoller werden sie. Würde es dafür sonst kein Argument geben, bliebe immer noch das ökonomische: Es ist zu guter Letzt auch noch kostengünstiger, Mitarbeiter gut zu behandeln. Ihnen mit Respekt gegenüberzutreten. Sie auf Händen zu tragen. Was – um den Kreis zu schließen – in folgende simple Regel mündet: Keine Angst! Vor niemand!

Und noch etwas: Lachen. Vergessen Sie das Lachen nicht.

ZETTEL KASTEN

> Laura Bush, die Frau des amerikanischen Präsidenten, erzählt: »Die Leute fragen mich immer wieder, wie das Leben denn so sei mit dem Bush-Clan. Nun, lassen Sie es mich so sagen: 1. Preis – drei Tage Urlaub mit dem Clan. 2. Preis – zehn Tage.«
>
> *(Laura Bush beim »White House Correspondents Association Dinner«*
> *am 30. 4. 2005)*

Bei uns wird viel und gerne gelacht. In der Küche sowieso. Manches Mal, in den Feierabend übergehend, mit einer Flasche Prosecco. Meistens einfach so, während der Arbeit. In jedem Fall aber hilft uns das Lachen. Es hilft uns, gemeinsam Dinge auszusprechen, die sonst unausgesprochen blieben. Es hilft uns, den anderen zu verstehen. Es hilft uns, in unserem Clan jenes Klima zu schaffen, das uns so wichtig ist: Wir halten zusammen, wir haben Spaß, wir sind rücksichtsvoll, wir kooperieren, wir würdigen niemanden herab, wir ziehen uns gegenseitig nach oben.

Mit anderen Worten: Wir haben einen – gemeinsam gelebten – Verhaltenskodex im Clan. Und den nehmen wir ernst.

Die Familie im Clan:
Ein Exkurs, auch aus Betroffenheit.

An dieser Stelle bin ich Ihnen, liebe Leserin, eine kleine Offenbarung schuldig. Hier fordern Sie, lieber Leser, zu Recht ein besonderes Maß an Offenheit ein.

Wo so viel von Familie geredet wird, da würden Sie doch sicher gerne auch wissen, woran Sie mit mir sind. Wenn die Autorin so wortreich den Wert des Familiären preist, dann möchten Sie als Leser, als Leserin doch auch sehen, was sie selbst für familiäre Erfahrungen gesammelt hat?

Um den Boden zu bereiten, will ich erst einmal klären, was Familie und Clan Value überhaupt miteinander zu tun haben. Warum der Clan Value ohne die Elemente des Familiären nicht denkbar ist. Wie der Clan von der Familie profitieren kann. Und wie er – da kommt dann meine persönliche Geschichte ins Spiel – auch existenzielle Familienkrisen überstehen kann.

Der deutsche Historiker Volker Reinhardt hat jüngst das lesenswerte Buch »Deutsche Familien« herausgegeben. Es enthält ein Dutzend spannender und einfühlsamer Familienportraits von Bismarck bis Weizsäcker. Jedes Beispiel für sich dokumentiert die Kraft, die von der Institution Familie auch heute noch ausgeht. Besonders lehrreich aber sind die Analysen so namhafter Adels-, Unternehmer- und Künstler-Clans wie die der Hohenzollern, der Thyssens und der Manns.

Auf das Buch aufmerksam geworden bin ich beim Lesen des *Spiegel*: »Familie bleibt das Schicksal« stand da über einem Gespräch, das zwei Redakteure in der Ausgabe 16/2005 mit Professor Reinhardt geführt hatten. Reinhardt spreche da, so der Vorspann, über »die Prägung des Einzelnen durch den Clan seiner Angehörigen«. Genau unser Thema also.

ZETTEL  KASTEN

Die Clans der Päpste

Gespannt hatte ich im *Spiegel*-Gespräch auch gelesen, dass Reinhardt »die Familie für unverwüstlich« hält: »Man lebt in seinen Nachkommen fort. Selbst die Päpste suchten nach Fortsetzung des Eigenen im Clan der Verwandten, etwa der Neffen oder Nichten. Lesen Sie die Testamente der Päpste aus dem 17. Jahrhundert: In

denen geht es nicht um überirdische Werte, sondern darum, festzu-
legen, was die eigenen Angehörigen weitertragen sollen. Die Päpste
legten die Erbfolge bis ins 30. und 31. Glied fest.«

Der Clan der Päpste? Das wollte ich genauer
wissen. Ein Anruf bei Professor Reinhardt lohnte
sich insofern, als dieser großzügig sein Wissen
teilte. Ein kleiner Auszug aus seiner lehrreichen
Erzählung zeigt die Phantasie, mit der Päpste
ihren Clan stärkten: »Vor 1800 lebte der Klerus
ja nicht zölibatär. Da war es die Regel, dass der
Lieblingsneffe eines Papstes Kardinal wurde. Und
weil die Kernfamilie in jener Zeit das Maß aller Dinge war, trafen
auch die Päpste Vorsorge für den Fall, dass diese eines Tages aus-
stirbt. Was taten sie also? Sie verfügten testamentarisch, dass sogar
Mitglieder befreundeter Dynastien adoptiert werden konnten. Die
konnten dann Name und Güter des Papstes fortführen.«

(Interview mit Prof. Volker Reinhardt, in: Der Spiegel, 16/2005)

In anderen Worten: Schon die Päpste setzten auf den Clan. Und
erweiterten ihn gegebenenfalls auch über die Blutsverwandtschaft
hinaus.

Zum Schluss des Interviews kommt Reinhardt genau zu jener
spannenden Frage, die mich auch zum Schreiben dieses Buches motiviert hat: Wie kann sich der Mensch seinem Schicksal
entziehen und die Verantwortung für sein Leben selbst in die
Hand nehmen?

Spiegel: Der Familie kann man nicht entrinnen?
*Reinhardt: Ja, das glaubt man heute wieder gern. Die Familie bie-
tet die Möglichkeit, sich ein Schicksal zu konstruieren. Im Zeitalter
des Massenkonsums ist die Individualität stets gefährdet. Mit der
Konstruktion eines Familienschicksals erwerbe ich automatisch
Individualität. Und: Ich kann die Grenzen, auch die unübersteig-
baren, abstecken. Wenn man die eigene Freiheit durch Erbfaktoren
als begrenzt ansieht, muss man sich auch nicht dauernd selbst
beweisen und neu definieren, sondern kann sich gleich entlastet*

fühlen und gleichzeitig in einen Sinnzusammenhang einordnen.
Wird Schicksalsgläubigkeit so nicht leicht ein Freibrief zum
Faulsein?
Gut möglich. Wir leben heute in einer Zeit, in der die Verantwort-
lichkeit des Einzelnen als gering veranschlagt wird. (...)
Die Aufklärung ist 200 Jahre lang gegen die Macht des
Schicksals angegangen. Hat alles nichts genützt?
Offenbar nicht. Die Welt ist dabei, sich wieder zu verzaubern, weil
die entzauberte Welt nicht erträglich ist.

Ganz deutlich will ich dazu Position beziehen: Ja, wir alle haben eine Herkunft, haben eine Familie, die uns geprägt hat. Ja,
wir alle haben damit auch einen Rucksack voller Verbindlichkeiten geerbt. Einen Rucksack, der aber auch unendliche Potenziale enthält. Ja, es stimmt: Manches aus diesem Rucksack
bremst uns. Aber: Manch anderes beflügelt uns. Vieles befähigt
uns. Unserer Herkunft verdanken wir eben auch jede Menge
Stärken. Und dieses Geschenk an Eignungen und Neigungen
sollten wir annehmen, wertschätzen und konkret einsetzen.

Wir sollten den Inhalt dieses Rucksacks als Chance begrei-
fen, das Schicksal in die eigenen Hände zu nehmen und unser
Leben selbst zu formen.

Wir sollten die Welt so gestalten, dass sie uns nicht nur erträglich erscheint, sondern wirklich lebenswert ist. Wir sollten
uns also selbst jene Sicherheiten schaffen, auf die wir dann weiter bauen können. Wir können dies mit dem Clan tun – indem
wir unseren eigenen schaffen, selbst dann, wenn wir nicht in
einen hineingeboren wurden.

Einen Clan, der das Familienartige überall dort wieder in
unseren Alltag bringt, wo wir es sonst missen müssten. Einen
Clan, der auf Werte setzt, die in der Management-Literatur als
»familyness« beschrieben werden. Einen Clan eben, der viel
mehr ist als nur ein bloßes Netzwerk.

Es stimmt schon, manches von dem, was uns im Clan Value zum Vorteil gereicht, wurde in den 90er Jahren schon – damals fein unterkühlt – als Networking gepriesen. Doch beim Clan geht es um mehr, als um das Sammeln von Namen, Telefonnummern und E-Mail-Adressen: Es reicht eben nicht, wichtige Menschen zu kennen. Es reicht nicht, mit diesem oder jenem Unternehmen vernetzt zu sein. All das ist – gemessen an den Herausforderungen, denen wir uns heute zu stellen haben – viel zu flüchtig, zu vergänglich, auch zu leichtgewichtig.

Mehr denn je brauchen wir heute neue Sicherheiten und starke Beziehungen. Verwandtschaften eigentlich. Eben weil aus unseren Blutsverwandtschaften in vielen Fällen nicht mehr das nötige Maß an Rückhalt, an Unterstützung und Sicherheit resultiert, gerade deshalb müssen wir auch Wahl- und Geistesverwandtschaften begründen, entwickeln und pflegen.

Weit über das Networking hinaus investieren wir also beim Clan Value in die Qualität und Tiefe der Beziehung zu den anderen. Es genügt nicht, dann und wann eine Einladung auszusprechen oder anzunehmen. Es reicht nicht, hier oder dort mit einem Geschenk aufzuwarten. Den Clan Value leben, das bedeutet immer auch, gemeinsame Werte zu formulieren und hoch zu halten.

Ganz besonders wichtig scheint mir dieser Qualitätsaspekt in den Zeiten der Ich-AGs. Je heftiger das Konzept des Alleinerfolgreich-Seins beworben wird, umso lauter tönt der Zwischenruf aus meinem Innersten: Allein geht gar nichts.

Je eindringlicher uns die Anbieter einschlägiger Seminare erzählen, wie effektiv sich die Einzelne im stillen Kämmerlein organisieren kann, wie leicht sich der Einzelne zu immer neuen Höchstleistungen antreiben kann, umso engagierter muss ich dazwischenrufen: Ohne meinen Clan geht gar nichts.

Der in der Einleitung zitierte Soziologe Peter Gross, dem die Analyse der Multioptionsgesellschaft zu verdanken ist, hat mir während der Recherchen zu diesem Buch einen taufrischen Text aus seiner Feder zukommen lassen, den ich hier als Bestätigung meiner These zitieren darf:

»Selfness ohne Netz ist eine selbstmörderische Angelegenheit«, warnt Gross vor den brandgefährlichen Verheißungen, die uns die Trendforscher mit dieser neuerdings propagierten Vokabel frei Haus liefern. »Pflege und Stärkung der Netzwerke, Networking und ‚Clanning', wie die Amerikaner sagen, sind überlebensnotwendig«, hält Gross der puren »Selfness« entgegen.

ZETTEL ▉ KASTEN

Geben statt Nehmen

Je mehr man sich darauf besinnt, was Selfness in der modernen Gesellschaft heißen könnte, desto mehr stellt sich das Bewusstsein ein, dass Selfness in einer gefährdeten, globalisierten Welt dreierlei bedeutet: Erstens Selbstbeobachtung und Selbstreflexion. Zweitens Selbstdisziplin. Und drittens: Geben statt Nehmen.

Selfness muss eingesetzt werden, um entschlossen die Bindungskraft der Gesellschaften und Kulturen zu erhöhen. Auch die Bindungskraft in den Unternehmen. Selbstverwirklichung heißt deshalb Selbstbindung. Das Selbst braucht einen Echoraum, Netzwerke. Es ist nichts ohne die anderen. Insofern heißt Selfness Arbeit an und Pflege der Beziehungen: zu den Kunden, den Geschäftspartnern, und – nicht zuletzt – den Mitarbeiterinnen und Mitarbeitern.

Das Leben in die eigenen Hände nehmen heißt, es in die Hände jener zu geben, denen man vertraut. Dann führt Selfness auch zu Wellness.

(Peter Gross: Selfness im Unternehmen., in: Alpha, September 2005)

Mit dieser Gross'schen Form der Selfness sympathisiere ich: Der Clan vermag nämlich auch all jene zu stärken, die bislang in einer Ich-AG ihr schutzloses Dasein fristen. Der Clan schützt und fördert den Einzelnen mit all den Elementen, die wir mit dem Schlagwort »Familyness« bezeichnet haben.

Und damit haben wir nun wieder den Bogen zur Familie geschlagen. Wir neigen, wie der Historiker Reinhardt uns gezeigt hat, in Familiendingen zur Schicksalsgläubigkeit. Wir sollten stattdessen, wie der Soziologe Gross sagt, das Leben mit jenen teilen, denen wir vertrauen. Wir sollten also, wie ich mit diesem Buch empfehle, in jeder Hinsicht auf den Clan setzen.

Ganz unabhängig davon, ob wir in einer anonymen Großorganisation arbeiten oder in einem kleinen Betrieb. Egal, ob wir in einer Fabrik oder einem Verein tätig sind, für ein Wirtschaftsunternehmen oder für eine Non-Profit-Organisation. Hier wie da können wir davon profitieren, wenn wir das Familienartige so in unser Umfeld integrieren, dass daraus ein Clan Value resultiert.

Ich weiß, wovon ich rede.

Ich habe selbst erfahren, wie wertvoll der Clan, wie groß der Clan Value sein können und wie wichtig für mich der Zusammenhalt im Heller-Clan ist.

Als meine Ehe nach 16 Jahren – wenn auch auf meine Initiative hin – endete, stand ich vor den Trümmern einer beendeten Partnerschaft, einer zerbrochenen Familie. Ich stand vor einem Scherbenhaufen, den ich wohl mitverschuldet hatte, den ich nun aber auch wegräumen musste. Anfangs wirkte er beinahe existenzbedrohend und ziemlich angsteinflößend.

Ich stand aber – und das ist der Grund, warum ich mich hier überwinde und ohne noble Zurückhaltung vom Scheitern meiner Ehe erzähle – keineswegs vor dem Nichts. Ganz im Gegenteil: Mein Clan scharte sich rund um mich. Mein Clan stärkte mir den Rücken. Mein Clan wies mir einen Weg, mit dieser Scheidung umzugehen. Mein Clan half mir, diese Trennung zu verarbeiten, den Trümmerhaufen wegzuräumen. Mehr noch: Mein Clan half auch dabei, meinen Kindern einen Hort der Geborgenheit zu geben. Mein Clan war also für mich da, als ich ihn am meisten brauchte.

Aus eigener Betroffenheit

Scheiden tut weh. Die eigene Erfahrung hätte ich mir in diesem Fall natürlich gerne erspart; zumal ich mit dem Thema schon im Rahmen meiner Beratungspraxis oft aus nächster Nähe konfrontiert war. Dass Familienunternehmen in eine Krise geraten, wenn die Familie zerbricht, ist nicht weiter erstaunlich. Dass es aber so selten gelingt, das private Desaster von der Entwicklung des Unternehmens abzukoppeln, ist besonders betrüblich, denn dem ließe sich vorbeugen.

Ein Beispiel nur: Ein Münchner Unternehmerpaar, das 20 Jahre lang gemeinsam ein Unternehmen geführt und rundherum einen Clan aufgebaut hat, hatte ein intensives Wirtschaftscoaching bei mir gebucht. Es galt, wichtige strategische und organisatorische Veränderungen im Unternehmen zu initiieren.

Ich muss gestehen: Im Zuge dieser Beratung geriet ich an die Grenzen meiner Fähigkeiten. Aus jedem Satz, den einer der beiden äußerte, schimmerte die Ehekrise nur notdürftig verpackt hindurch. Bald brach der Konflikt auch offen aus. Emotionsfreie, auf das Unternehmen bezogene Gespräche waren nicht mehr möglich. Wir unterbrachen den Coaching-Prozess; ich empfahl die beiden an einen vertrauenswürdigen Beziehungs-Mediator.

Das Ergebnis: Nach sieben Sitzungen entschlossen sich die beiden zur Scheidung. Meine Beratungsdienste wurden wieder in Anspruch genommen. Diesmal sollte ich beim Aufräumen behilflich sein: Die finanzielle Entflechtung und die Krisenkommunikation innerhalb und außerhalb des Clans standen 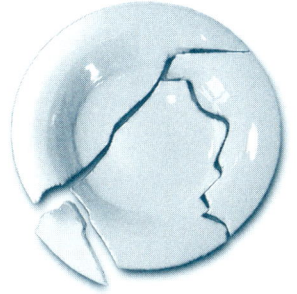 an. Lange schon hatte das Team im Unternehmen über die Spannungen der Clan-Chefs getuschelt. Behutsam mussten nun auch Kunden und kapitalgebende Banken mit der neuen Situation vertraut gemacht werden. Dass da schon *viel Porzellan zerschlagen* war, machte die Sache nicht einfacher.

Im Idealfall gehört es daher zu meinen Pflichten, Unternehmensgründer rechtzeitig auf solche privaten Krisenfälle vorzubereiten. Zur richtigen Zeit – wenn die Emotionen noch im Griff zu halten sind und das gemeinsame Unternehmen noch jung ist – muss mit einem neutralen Experten ein verbindlicher Krisenplan erstellt werden: Was passiert, wenn die Clan-Gründer auseinander gehen? Wie trennt man sich, ohne den Clan zu gefährden? Welche Vereinbarungen zur gegenseitigen Absicherung und zum Schutz des Clans sind empfehlenswert?

Nun gehören meinem Clan viele unterschiedliche Menschen an. Menschen, die mir immer schon ganz nahe stehen. Menschen, die im Lauf der Jahre ganz nahe an mich herangerückt sind. Menschen, denen ich aufs Engste verbunden, mit denen ich viel und gerne zusammen bin. Menschen, die von mir lernen und von denen ich lerne, denen ich vertraue und die mir ihr Vertrauen schenken.

Mit einigen wenigen Menschen in diesem Clan bin ich auch blutsverwandt. Meine ältere Schwester etwa führt mit meinem Schwager die Anwaltskanzlei unserer Eltern weiter. Selbstverständlich kooperieren wir auch unternehmerisch immer wieder. Wir haben gemeinsame Geschäftsfelder, betreuen mitunter gemeinsame Fälle und werden von unserer Umwelt als Mitglieder des Heller-Clans wahrgenommen. Selbstverständlich zählen meine Kinder und meine Mutter auch zum Clan. Und ebenso selbstverständlich sind meine Nichten und deren Ehepartner über den Clan geschäftlich und privat eng eingebunden.

Mein Clan geht somit weit über mein eigenes Unternehmen und weit über meine eigentliche Familie hinaus.

Mit den allermeisten Menschen im Clan bin ich aber eben nur über diesen verbunden oder geistesverwandt. Mit Mitarbeitern, Partnern und Kolleginnen etwa. Mit Freunden und Freundinnen, denen ich über lange Jahre hinweg so eng verbunden bin, dass unsere Beziehungen beinahe schon Verwandtschaftscharakter haben.

Ich stehe als Clan-Chefin also – und das ist eben typisch für viele Familienunternehmen, die clanartig geführt werden – im Zentrum eines dichten Beziehungsgeflechts.

Die Kreise des Clans:
Über Hierarchien und Eintrittsregeln.

Eigentlich ist die Sache ja simpel: Der Clan baut sich rund um den Clan-Chef in Form konzentrischer Kreise auf. Er (oder eben die Clan-Chefin oder die Clan-Chefs) steht im Mittelpunkt. Wie die Gravitationskraft der Sonne auf die Erde, so zieht dieses Zentrum die Clan-Mitglieder des ersten Kreises an – also all jene, die eine besonders wichtige Funktion im Clangefüge haben. Um diesen innersten bildet sich ein weiterer Kreis aus Mitarbeitern, Kollegen, Freunden, Verwandten. Darum ein nächster. Und so fort.

Und das Beste dabei: Die Kreise sind so flexibel, wie Sie sie gestalten wollen. Sie sind dehnbar. Und lassen sich, wenn nötig, auch wieder verengen. Mal wachsen neue Personen in den zweiten Ring. Oder von ganz außen stoßen neue Menschen zum Clan.

Die Hierarchie eines Clans ist nur in den inneren Kreisen relevant: Dort entspricht sie dem Organigramm einer Organisation. Alle jene aber, die – sei es als Freunde des Hauses, als Kunden, als Geschäftspartner, als Mitstreiter, als Verbündete – dem Clan in einem der äußeren Kreise angehören, sind nicht in dieser Hierarchie zu fassen.

Geeint und zusammengeschweißt werden die Clan-Zugehörigen aus diesen inneren und äußeren Kreisen durch die gemeinsamen Werte des Clans.

Werte, die nicht unabänderlich in Stein gehauen sind. Werte, die über die Jahre immer wieder hinterfragt und allenfalls auch neu formuliert werden. Werte, die aber trotz allem einen klaren Rahmen für alles Wirken und Streben im Clan abgeben. Werte, die das Zeug zur Vision haben. Werte, die Sinn stiften. (Der deutsche Autor und Unternehmensberater Arnold Weissman hat für eben dieses Streben nach Sinn den schönen Begriff der »Sinnergie« geprägt.)

Weil diese Werte den Clan in seinem Innersten berühren und zusammenhalten, fungieren sie auch als wichtigstes Zugangskriterium: Wer in den Clan aufgenommen wird, muss die Werte des Clans achten.

Belegen kann ich das Funktionieren dieser Regeln mit unserer Erfahrung: Weil wir unsere Werte über die Jahre so konsequent ernst genommen haben, können wir heute fast auf den ersten Blick entscheiden, ob jemand zu uns passt. Und eben weil wir diese Werte über die Jahre so ernst genommen haben, hat unser ganzer Clan diesen geschärften Blick entwickelt.

Wer heute – sei es als Klient, als Lieferant, als Geschäftspartner, als Mitarbeiter – neu zu uns kommt, sieht sich in kürzester Zeit mit eben dieser Wertewelt konfrontiert. Das hat sich auch herumgesprochen: Wir ziehen die Menschen an, die zu uns passen, zu unseren Visionen, zu unserem Menschenbild, zu unserem Unternehmen. Andere verirren sich nur noch sehr selten zu uns.

So weit, so einfach. Weil dieses simple Kreismodell aber immer in seinen beiden Dimensionen verhaftet bleibt, stoßen wir schon auf den zweiten Blick an die Grenzen unserer Struktur. Um zu zeigen, dass der Clan noch viel mehr kann, als die Satelliten dieser Kreisstruktur in ihrer Umlaufbahn zu halten, empfehle ich zum Weiterdenken ein etwas komplexeres Modell: die Buckyballs.

Benannt nach den legendären Kuppelbauten des amerikanischen Architekten und Designers Richard Buckminster Fuller (und daher auch Fullerene genannt), erinnern Buckyballs mit ihren »Ecken« und »Kanten« an einen aus Lederflecken zusammengenähten Fußball.

Die Buckyballs

Mit Fulleren (Pl.: Fullerene) wird eine spezielle Gruppe von ausschließlich aus Kohlenstoff bestehenden Makromolekülen benannt, die gleichfalls die dritte Element-Modifikation des Kohlenstoffs (neben Diamant und Graphit) darstellen. Das mit Abstand am besten erforschte ist C60, das zu Ehren des Architekten Buckminster Fuller Buckminster-Fulleren genannt wurde, da es den von ihm konstruierten geodätischen Kuppeln ähnelt. Es besteht aus 12 Fünfecken und 20 Sechsecken, die zusammen ein abgestumpftes Ikosaeder bilden. Da ein Fußball die gleiche Struktur hat, wird es auch *Fußballmolekül* (oder auf Englisch *buckyball*) genannt.

(Joachim Dettmann: Fullerene – Die Buckyballs erobern die Chemie
in: http://de.wikipedia.org/wiki/Fulleren)

Eben diese Buckyball-Struktur – beim Fulleren sind mindestens 60 Atome in einem dreidimensionalen Netzwerk durch feine Linien miteinander verbunden – ist auch dem Clan zu Eigen: Die Clan-Mitglieder sind in unterschiedlichen Ausprägungen und Bindungsstärken dreidimensional miteinander vernetzt. So lassen sich einerseits Potenziale und Synergien optimal nutzen; andererseits sind dadurch aber auch Hierarchien und Organisationsformen detailgetreu aufzubauen.

Die Hierarchie ist im Clan so wichtig wie in jeder anderen Gruppe auch. Es gibt keine Gruppen, die auf Dauer ohne Hierarchie funktionieren. Der Clan braucht eine klare Entscheidungsstruktur, um handlungsfähig zu sein. Ebenso klar muss geregelt sein, wer welche Verantwortlichkeiten hat, wer welche Funktionen übernimmt, wer für bestimmte Aufgaben zuständig ist.

Schließlich muss diese Hierarchie für alle – also gerade auch in den äußeren Kreisen, für die Kunden etwa – transparent sein: Jeder im Clan muss zu jeder Zeit wissen, mit wem er es zu tun hat.

Die Wertewelt:
Über eine Mission und
mehrere Visionen.

Woran erkennt man den Clan? Was zeichnet ihn aus? Was unterscheidet ihn von anderen Unternehmen? Von anderen Organisationen?

Richtig. Es sind seine Werte, seine Visionen, seine Mission.

Ohne Werte kein Clan: Wenn es eine Regel in diesem Buch gibt, aus der alles andere folgt, dann ist es wohl diese.

Von Anfang an muss klar sein, an welchen Werten sich der Clan orientiert. In diesem Sinn sollte man gleich eine Mission formulieren. Etwa so:
▪ Wir im Heller-Clan sorgen dafür, dass auch andere als pekuniäre Werte geschaffen werden. Ehrlichkeit und Offenheit sind grundlegende Pfeiler unserer Wertewelt.
▪ Wir wollen, dass unsere Kunden prosperieren – dazu verhelfen wir ihnen, indem wir aktiv mit ihnen, mit ihrem Unternehmen, mit ihrem Clan mitleben. Für unsere Kunden strengen wir uns an bis zur Selbstausbeutung.
▪ Wir wollen ihnen durch unsere Dienstleistungen Mehrwert

und Nutzen bringen, wir wollen ihnen durch unsere Arbeit das Leben als Manager und Unternehmer angenehmer gestalten.

- Wir glauben, dass sich Vertrauen lohnt und bezahlt macht. Vertrauen ist gut, Kontrolle ist besser? Für uns ist dieser Spruch Vergangenheit. Wir glauben: Vertrauen schafft Vertrauen. Im Endeffekt reduziert dieses Vertrauen den Kontrollbedarf und damit die Kosten. Vertrauen spart Geld und schafft Sinn.

- Wir glauben, dass das Gute der Feind des Besten ist. Wir bekennen uns zum Prinzip von Spitzenleistungen und streben diese in der vom Kunden fühlbaren Kombination von Hard facts und Soft facts an.

- Wir sind überzeugt, dass man aus Fehlern lernt. (Weil wir aber auch Realisten sind, müssen wir mitunter auch Peter Ustinovs Rat folgen: »Jeder Mensch macht Fehler. Das Kunststück liegt darin, sie dann zu machen, wenn keiner zuschaut.«)

Eine solche Sammlung von Leitsätzen liegt jedem Clan wie ein Fundament zugrunde. Jeder Satz dieses Wertekanons muss von Tag zu Tag gelebt werden. Genau dafür sorgen wir im Heller-Clan, alle gemeinsam und jeder für sich – wenn nötig, mit missionarischem Eifer.

HELLER ✦ BELEUCHTET

Eine Reise zu den Werten

Wenn Mitarbeiter, die schon länger bei uns tätig sind, in *Schlüssel*positionen unseres Unternehmens vorrücken, muss das Verständnis für unsere Wertewelt noch einmal besonders geschärft werden. Als Clan-Chefin fühle ich mich dafür verantwortlich, dabei behilflich zu sein.

Dass sich für solche Gespräche gemeinsame Reisen am besten eignen, haben mir meine Kinder beigebracht: Zu Hause, im

Wohnzimmer, am Esstisch schaffen sie es meist geschickt, sich mir zu entziehen. Wenn ich ihnen etwas vermitteln will, was mir besonders wichtig erscheint, dann tue ich das meist während einer Autofahrt. Für eine Weile können sie sich hinter ihren Kopfhörern verstecken; irgendwann aber kommt mein Moment – dann rede ich und sie hören mir zu.

Weil der Alltag im Büro zumeist wenig Gelegenheit für intensive Gespräche bietet, bitte ich gelegentlich wichtige Mitarbeiter, mich auf eine Dienstreise zu begleiten. Yvonne Reif, die Leiterin unserer Abteilung für Corporate Communications, weiß davon das jüngste Lied zu singen: Als der Verlagsvertrag für dieses Buch unterschriftsreif war, begleitete sie mich auf dem Flug nach Berlin.

Gerne nutze ich solch kurze Reisen, um Multiplikatoren unter den Mitarbeitern unsere Vorstellungen näher zu bringen. Um ihnen zu erläutern, was der Heller-Clan für sie tun kann. Und um ihnen zu einer Vorstellung zu verhelfen, was sie für den Heller-Clan tun können.

Ich erzähle ihnen, warum wir der Meinung sind, dass man aus Krisen lernen und gestärkt hervorgehen kann. Ich erkläre, dass wir uns als Schutzwall für unsere Kunden verstehen. Ich erläutere, warum es so wichtig ist, dass wir unseren Klienten den Rücken freihalten. Und selbstverständlich betone ich auch, wie wichtig es ist, dass bei uns keiner in Angst lebt. Wie Vertrauen mit Vertrauen belohnt wird.

Die Clan-Mitglieder müssen wissen, wie wir mit Fehlern umgehen. Sie müssen wissen, warum es so wichtig ist, den Markt zu beobachten. Sie sollen verstehen, dass wir bei Heller Consult auch von unserer großen Flexibilität leben: »Das geht nicht«, gibt es nicht bei uns. Wir arbeiten schnell. Wir arbeiten präzise. Und wir bemühen uns, die Klienten in unseren Clan zu integrieren.

Auf der Grundlage dieser Wertewelt lassen sich auch Visionen formulieren. Ziele, die man gemeinsam erreichen will. Ziele, die einer für sich erreichen will. Ziele, die mit der Wertewelt des Clans vereinbar sind.

Was möchten Sie in zehn oder in 15 Jahren oder bis zum

Ende Ihres Lebens erreicht haben? Wo möchten Sie sich beruflich hinentwickeln? Und wo privat? Wie lassen sich Ihre beruflichen Visionen mit den privaten Lebenszielen vereinbaren? Gibt es eine Vision, die Sie so offen formulieren können, dass Ihnen alle Mitarbeiter und Clan-Mitglieder folgen können? Wo soll Ihr Unternehmen in zehn Jahren stehen?

Schon aus den Zielen ist abzulesen, welcher Denkschule ein Unternehmen folgt: Manager, die ihr vorrangiges Ziel im kurzfristigen Erreichen einer 25-prozentigen Eigenkapitalrendite sehen, werden mit dem Clan Value nur wenig anfangen können. Menschen hingegen, die das Maß ihrer Verantwortung nicht auf den Shareholder Value reduzieren wollen, kommen immer öfter auf die Werte des Clans. Nachhaltigkeit ist deshalb auch einer ihrer Schlüsselwerte.

Um Missverständnissen gleich vorzubeugen: Ich will Sie hier nicht davon überzeugen, dass Werte alles und Zahlen nichts sind. Ich weiß, dass sich der Erfolg eines Unternehmens immer noch am eindrucksvollsten mit einem hohen Gewinn darstellen lässt. Aber ebenso bin ich überzeugt, dass es im Unternehmen um mehr geht. Um Werte zum Beispiel.

Gerade in jüngster Zeit ist wieder häufiger von erfolgreichen Familienunternehmen die Rede. Nicht zu übersehen ist dabei erstens, dass viele dieser Unternehmen nach Clan-Prinzipien geführt werden. Und zweitens, dass in der Analyse solcher Unternehmen immer öfter auf deren Wertegefüge eingegangen wird.

Ein Beispiel gefällig? »Deutschland ist top bei Familienunternehmen«, sagt etwa der Gründer des deutschen Unternehmensberaters Intes, Peter May: Kein anderes europäisches Land reiche »in der Bedeutung der Clan-gesteuerten Betriebe an Deutschland heran«. (*Stern*, 6. 3. 2005)

Ein zweites? Die Haniels sind einer der erfolgreichsten deutschen Unternehmer-Clans. »Ursache des triumphalen Aufstiegs sind schlichte Prinzipien, an denen die Haniels seit Jahrhunderten festhalten – komme, was wolle«, verweist das *manager magazin* auf den Wertekanon der Händler-Dynastie, die Apotheken beliefert, Büros möbliert, Berufskleidung verleiht, Stahl verschrottet, Baustoffartikel verkauft und mit alledem im Jahr 2004 über 24 Milliarden Euro Umsatz gemacht hat.

ZETTEL KASTEN

Junge Manager, alte Werte

In vielen deutschen Familienunternehmen hat sich in den vergangenen Jahren ein Generationswechsel vollzogen. Neue Gesichter bestimmen die Geschicke. Nur einige Beispiele: Der 44-jährige Karl Erivan Haub lenkt inzwischen die Handelsgruppe Tengelmann, Dominic Brenninkmeyer, 47, führte den Textilfilialisten C&A aus der Krise, beim Mischkonzern Haniel hat Jan van Haeften den Aufsichtsratsvorsitz vor kurzem an Franz Haniel, 49, übergeben und im Herbst werden Markus Miele, 35, und Reinhard Zinnkann, 44, beim Hausgerätehersteller Miele das **Zepter** von ihren Vätern übernehmen.

Der Wechsel ist nicht nur personeller Art. Mit der neuen Generation zieht zugleich ein verändertes Unternehmerverständnis in die Chefetagen der Familienunternehmen ein. Viele Familienunternehmer der abtretenden Generation verkörperten den Typ des Patriarchen. (…) Im Vergleich dazu erscheint die Nachfolgegeneration smarter, professioneller und stärker vom Kopf denn vom Bauch gesteuert. (...) Moderne Managementtheorien und Begriffe wie Shareholder Value sind ihnen kein Fremdwort. Und doch sind die jungen Familienmanager in ihrem Handeln und Denken von den Ackermanns & Co. weiter entfernt denn je. Denn sie verfügen zwar über das gleiche Wissen, ihr Wertesystem wird jedoch unverändert durch die Besonderheiten von Familienunternehmen bestimmt. (…)

88

Besondere Bedeutung kommt in diesem Zusammenhang einem gemeinsamen Wertekanon zu. Clans wie Brenninkmeyer, Haniel oder Henkel sind Wertegemeinschaften. Sie fußen auf einer exakt definierten Verantwortung als Unternehmer, die nicht selten in der christlichen Soziallehre oder in der Ethik der Aufklärung wurzelt.

(Peter May, in: Süddeutsche Zeitung, 29. 6. 2004)

ZETTEL  KASTEN

XXL-Händler von der Ruhr

Vormals: Gewürze, Kohle, Tabak. Heute: Baustoffhandel, Berufs-kleidung, Pharma. Der Aufstieg des Ruhr-Clans Haniel lässt sich mit dem Portfolio nicht erklären. Sein Erfolg fußt vielmehr auf ei-sern eingehaltenen Prinzipien.

- Haniels Konzernalter? *249 Jahre.*
- Gesellschafterzahl? *540.*
- Anzahl der Unternehmen? *Zwischen 800 und 900.*
- Gesamtumsatz? *24,3 Milliarden Euro.*
- Mitarbeiterzahl? *53.200.*
- Cash Flow? *936 Millionen Euro.*

Damit sind die Haniels eine der größten und wichtigsten Unterneh-merfamilien der Re-publik, spielen in einer Liga mit den Quandts, Krupps und Porsches.

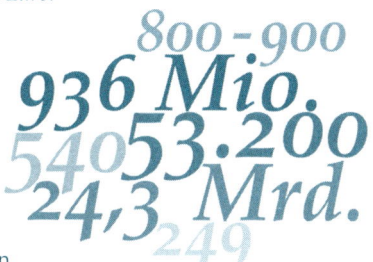

Ursache des triumphalen Aufstiegs sind schlichte Prinzipien, an denen die Haniels seit Jahrhunderten festhalten – komme, was wolle. Seit 1917 gilt die Trennung von Eigentum und Management. Kein Haniel darf, und sei es auch nur als Praktikant, in der Gruppe arbeiten. Der Clan fischt die Gewinne nur teilweise ab. Die operativ tätigen Vorstände und Geschäftsführer sind dazu angehalten, an-tizyklisch zu investieren und in jedem Geschäftsfeld eine marktbe-herrschende Position zu erlangen.

Gelingt dies nicht, fackelt der Clan nicht lange und zieht sich zurück. Im Grunde versucht die Familie ihr Risiko relativ breit zu streuen. Und nicht zuletzt: Die Dynastie umgibt ein geradezu mystisches »Wir-Gefühl«. Ein Kollektiv, deren Mitglieder trotz Unterschieden – hier die angegraute Exzellenz aus Dorf X, dort der selbstbewusste Yuppie aus Großstadt Y – eine eingeschworene Gemeinschaft bilden.

Eben jenes »Wir-Gefühl« vermittelt wohl kaum ein anderer besser als Franz Markus Haniel. Obwohl mit 50 Jahren längst nicht der Älteste, geht vom Aufsichtsratsvorsitzenden der Gesellschaft eine starke Integrationskraft aus, wie es ein Mitglied des Aufsichtsrats gegenüber *manager-magazin.de* ausdrückt. Haniel selbst lässt dies unkommentiert. Sein Schweigen in der Öffentlichkeit pflegt er auch gegenüber *manager-magazin.de*. Wieder so ein Prinzip: Die Haniels kultivieren ihre Verschwiegenheit, checken zu auswärtigen Treffen im Hotel sogar unter falschen Namen ein, lassen die Regenbogenpresse links liegen und verzichten auf öffentliche Angeberei.

Die Geschäftsführer und Vorstände der sechs dezentral geführten Sparten berichten an Theo Siegert, Vorstandschef der Haniel-Holding. Er wie seine rund 100 Angestellten lenken die Finanzströme der Beteiligungen, schichten das Portfolio um und kümmern sich um die sonstigen Belange der Haniel-Erben, also alles rund um ihr Vermögen.

Siegert weiß, ohne die Familie ist er handlungsfähig wie ein Apotheker ohne Medikamente. Die gesamte Arbeitgeberseite des Aufsichtsrats besetzt traditionell der Clan. Jede Investition, die fünf Millionen Euro übersteigt, muss dort abgesegnet werden. (…) Die Entwicklung der Investments verfolgt der Clan detailgenau. (…)

Ein durchaus sicherheitsbewusstes Denken kennzeichnet den Clan zudem. So wurde in den 50er Jahren in den USA eine Holding aufgebaut als Lehre aus dem Zweiten Weltkrieg, der viele ihrer Geschäfte vernichtete. Im erneuten Kriegsfall wäre ihr gesamtes Vermögen kurzfristig nach Amerika transferiert worden. Als der Eiserne Vorhang fiel, wurde die Holding wieder aufgelöst.

(Martin Scheele, in: www.manager-magazin.de, 19. 7. 2005)

Einer Erkenntnis begegnen wir in den Wertewelten so erfolgreicher Clan-Unternehmen auffällig häufig. Am einfachsten lässt sich diese Erkenntnis mit den Worten des amerikanischen Management-Vordenkers Jim Collins auf den Punkt bringen: Das Gute ist der Feind des Besten.

Collins hat in einer breit angelegten Untersuchung amerikanischer Firmen jene Faktoren erforscht, die aus guten Unternehmen Spitzenunternehmen gemacht haben. Dabei ist er zu dem Schluss gekommen, dass sich viel zu viele mit dem Guten zufrieden geben, anstatt nach dem Besten zu streben.

Das erinnert auch an die Geschichte von der Schildkröte, die uns durch das Große Tor begleitet hat. Nach der Sintflut konnte auf ihrem Panzer die Welt neu erstehen, weil ein anderes Tier sein Bestes gegeben hat: Viele Tiere hatten versucht, auf den Grund des Meeres zu tauchen, um ein paar Krumen Erde zurückzubringen. Gelungen aber ist dies erst der Bisamratte, die dafür ihr Leben gegeben hat.

Ob man sich durch die Tiermythen oder vom Wissen des Management-Experten anregen lässt – in jedem Fall wird sich der Clan, wenn er die Lehre ernst nimmt, von anderen durch sein Bekenntnis klar unterscheiden: Wir sind die Besten.

Einen so hohen Anspruch in die Wertewelt des Clans zu integrieren wird umso besser gelingen, je leidenschaftlicher man bei der Sache ist: Stärken resultieren häufig aus der Passion, die einen treibt.

Insofern ist es auch die Passion, die einem Clan den wesentlichen Stempel aufdrücken kann: Wer bereit ist, im Mittelfeld mitzuschwimmen, wird daraus nie ein Alleinstellungsmerkmal ableiten können.

Hervorragende Qualität, gepaart mit dem Mut, neue Wege zu beschreiten, ist in vielen Fällen eine der herausragenden Devisen im Unternehmensclan. Schon Eduard Sacher, der 1876 sein heute weltberühmtes Hotel in Wien eröffnete, hatte dies erkannt: Er setzte so nachdrücklich auf Qualität, dass sein Ruf als »vornehmster Gaumenschmeichler Wiens« sogar in Paris und London Eindruck machte. Noch heute, 130 Jahre später, behauptet der Clan die Position seines Hauses mit eben diesem Anspruch: »Im Sacher kennt man nur die Ideologie der Qualität«, heißt es auf der Website des Unternehmens.

In diesem Sinne: Wer auch seine Kunden davon überzeugen kann, der Beste seines Fachs zu sein, der hat seinem Clan den größtmöglichen Dienst erwiesen: Die Werte des Clans schlagen sich messbar auch im Umsatz nieder. Der Clan funktioniert, der Clan Value folgt.

ZETTEL KASTEN

Brenninkmeyer-Clan:
Die verschwiegenen Milliardäre

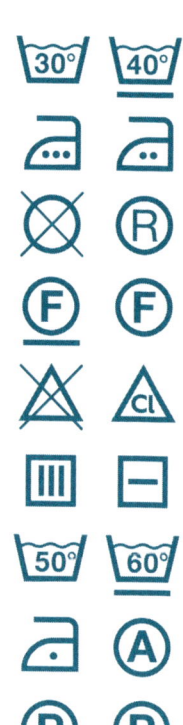

Jeder kennt C&A. Seit über 100 Jahren steht der Name der Textilhandelskette als Synonym für günstige Kleidung für die ganze Familie. Doch über die Familie, die hinter der Textilkette steht, weiß man nur wenig. Denn die Brenninkmeyers gehören nicht nur zu den reichsten Familien Europas, sondern auch zu den verschwiegensten.

Auf rund 3,6 Milliarden Euro wird das Vermögen des streng katholischen Familienclans geschätzt, dessen Familienmotto »Eendracht maakt Macht« – Eintracht bedeutet Macht – lautet. Das Brenninkmeyer-Reich umfasst heute nicht nur eine der führenden Bekleidungsketten Europas mit mehr als 500 Niederlassungen, sondern auch eine milliardenschwere Immobilienfirma und eine finanzstarke Kapitalbeteiligungs-Gesellschaft mit Büros in Brüssel, London und New York.

Das erste C&A-Geschäft wurde 1861 von den aus dem westfälischen Mettingen stammenden Brüdern und Namensgebern Clemens und August Brenninkmeyer im holländischen Sneek gegründet. »Unser Sortiment macht es jedem

möglich, bei uns zu kaufen. Wir sind mit klei-
nem Gewinn zufrieden und bieten dadurch für
die Qualität die niedrigsten Preise«, warb das
Unternehmen damals in einer Anzeige.

Aus dem Dorfladen wurde ein internationaler Konzern. Doch eines blieb gleich: An der
Spitze des Unternehmens steht auch nach über
100 Jahren unverändert ein Brenninkmeyer.
Und das soll – was das Topmanagement an-
geht – auch so bleiben, wie Deutschland-Chef
Dominic Brenninkmeyer betont.

(Associated Press, Erich Reimann
in: www.stern.de, 3. 1. 2004)

Die zweite Tür

So wächst der Clan.

»Die Verwandten freuen sich, denn ihre Körper werden stärker, wenn eine ihrer Schwestern oder Nichten viele Kinder bekommt: Im Wortlaut dieser Aussage drückt sich die interessante Auffassung von der Kollektiveinheit des Clans aus: Die Mitglieder sind nicht nur vom selben Fleisch und Blut, sondern bilden beinah einen einzigen Körper.«
(Bronislaw Malinowski: Das Geschlechtsleben der Wilden in Nordwest-Melanesien, Verlag Dietmar Klotz, Eschborn 2001)

Die Allgegenwärtigkeit des Clans: Über Adriano Celentano, Jim Jarmusch und die Brüder aus Bayern.

Wer einmal auf der Fährte ist, kann sich kaum noch losreißen. Mich hält der Clan in seinem Bann, seit ich angefangen habe, dieses Buch zu schreiben.

Sobald ich ein Kinoprogramm sehe, suche ich nach einschlägigen Hinweisen. Wenn ich eine Buchhandlung betrete, will ich Clan-Bücher. Höre ich Musik, finde ich Clans.

Meine Freunde haben ihr Radar entsprechend eingestellt,

und auch der Clan versorgt mich mit zweckdienlichen Hinweisen. Kein Wunder also, dass mein Verhältnis zum Internet-Versandhandel im Allgemeinen und zu Amazon im Speziellen immer enger wird.

Nie zuvor habe ich so viel vom Clan gehört. In der Musik zum Beispiel. Ein Mix aus München und Gambia gefällig? Bitte schön, hier meine Empfehlung: Jobarteh Kunda. Eine nur scheinbar wild zusammengewürfelte Truppe vermittelt Lebensfreude pur. Der Chef der Band, Tormenta Jobarteh, hieß im früheren Leben Werner Sturm. Dann hat er sich in Gambia zum »Griot«, zum Geschichtenerzähler, ausbilden und in die einschlägig berühmte Familie Jobarteh adoptieren lassen. Seither macht er mit seiner eigenen Kunda – was übrigens exakt mit Clan übersetzt wird – Weltmusik, also Musik vom Feinsten.

Oder, weil wir schon in Bayern sind, ein anderer, ganz anders zusammengesetzter Kultur-Clan: Die »Biermösl Blosn« rund um die Brüder Well. Dazu das Musikkabarett ihrer ebenso respektlosen Schwestern Vroni, Burgi und Moni – die »Wellküren«. Sie alle gehören zum legendären und längst über Deutschland hinaus bekannten Volksmusikanten-Clan Well aus Günzelhofen in Bayern. (Im Bayrischen meint der Begriff Wellness daher jenen Geisteszustand, in den das Publikum der Familie Well bei einem ihrer Auftritte versetzt wird.)

Und schließlich die Großmeister der Weltmusik-Verwurschtung: G. Rag y los Hermanos Patchekos. Über Alois Schmelz, den Trompeter dieser schätzungsweise zwölfköpfigen Kapelle, sagt man, dass er eigentlich »Miles Davis von Niederbayern« genannt werden sollte; stattdessen bewundern ihn seine Freunde als »die Sau« – weil sie immer weinen müssen, wenn er spielt. (»Die Sau« ist übrigens auch ein gängiger Ausdruck unter Musikern ganz allgemein. Damit zollen sie einem anderen Musiker hohen Respekt. Als Künstlerseelen ertragen sie es jedoch kaum, dass jemand besser spielt als sie und der das zu allem Überfluss auch noch vor Publikum demonstriert und damit die anderen zurücksetzt. Die Sau. Deshalb können die anderen ihren Respekt nicht mehr offen zeigen, sondern müssen den Kontrahenten – wenn auch mit einem Augenzwinkern – »niedermachen«. Da Musiker permanent versuchen, sich gegenseitig zu beeindrucken, ist »die Sau« also so etwas wie ein Ritterschlag, und gleichzeitig wahrt jeder sein Gesicht.)

Und fürwahr: diese Mischung aus bayrischem und Latino-Sound geht ans Herz und rührt auch solche, die der deftige Sprachgebrauch aufs Erste irritiert. Zum Clan dieser Hermanos gehören neben einem halben Dutzend anderer Bands vor allem die Plattenfirma und der Vertrieb der Brüder: »Gutfeeling – Freunde selbst gemachter Unterhaltung«.

Das Gemeinsame dieser auf den ersten Blick so verschiedenen Clans? Vielleicht finden wir ein Stück davon, wenn wir diesen Unterschieden auf den Grund gehen:

Der Jobarteh Kunda liegt statt einer Blutsverwandtschaft ein Adoptionsverhältnis zugrunde. Eine gambische Musikerfamilie hat einen Deutschen adoptiert, der darüber erst den Wert des Clans kennen- und schätzen gelernt hat. Und schließlich seinen eigenen Clan, seine eigene Kunda gegründet hat.

Bei den Wells hingegen sind alle miteinander verwandt: Hans Well ist zwar der Chef der Drei-Brüder-Truppe »Biermösl Blosn«, aber auch die Geschwister bringen kräftig Dampf in den Clan. In leitender Funktion aber steht seit eh und je Traudl Well, die 86-jährige Mutter der insgesamt 15 Kinder.

Und schließlich die Hermanos Patchekos. Sie sind ein nach und nach gewachsener Freundes-Clan. Gründer Andreas Staebler hat sich zwar als »Oberbruder« etabliert. Aber verwandt ist hier jeder mit jedem, und zwar im Geiste.

Die Lehre daraus: Blutsverwandtschaft ist keine Vorraussetzung für das Funktionieren des Clans. Natürlich sind die jeweiligen Verwandtschaftsverhältnisse für jeden einzelnen Clan prägend und somit von äußerster Wichtigkeit. Das Grundsätzliche des Clan Value aber berühren sie, wie diese Beispiele zeigen, nicht: Der Clan kann eben genau auch dort Sicherheit und Zusammenhalt schaffen, wo die eigentliche Familie – aus welchen Gründen auch immer – nicht präsent ist.

Und noch etwas: Ganz offenkundig sind wir mit dem Clan Value auch einem Trend auf der Spur. Ob in Bayern oder anderswo: Immer mehr Menschen sind davon überzeugt, dass bei der Verwirklichung ihrer Träume der Clan mehr helfen kann als irgendjemand sonst. Und genau das macht diese Kultur-Clans auch stark: ein unerschütterlicher Glaube an das gemeinsame Projekt.

Für diesen Glauben an die Kraft des Clans finden wir selbstverständlich auch in anderen Bereichen prominente Beispiele. Im Film ist Jim Jarmusch eines der herausragendsten: Seine Unabhängigkeit bei Kinoproduktionen hat sich der New Yorker Filmemacher mit dem Aufbau eines weltumspannenden Clans gesichert. Im Lauf der Jahrzehnte hat er diesen mit selbstbewusster Eigenständigkeit so gut etabliert, dass Hollywood bis heute vergeblich bei ihm anklopft. Jarmusch macht, was er macht. Und dabei hilft ihm sein Clan.

Eines seiner jüngsten Produkte seiner Clan-zentrierten Arbeitsweise: »Coffee and Cigarettes«. Jahrelang hat der weißköpfige Jarmusch die Szenen für diesen Film gesammelt. Und hat damit – ganz nebenher – ein eindrucksvolles Dokument des Clan-Zusammenhalts geschaffen: Wann immer Jarmusch einen Film drehte, bat er einzelne Clan-Mitglieder noch für eine kleine Extra-Szene vor die Kamera. Eindrucksvoller kann man wohl kaum zeigen, wie viel Witz, Kraft und Anarchie sich in einem Clan versammeln können. Zwei Dutzend von Jarmuschs engsten Künstlerfreunden sind in »Coffee and Cigarettes« als Schauspieler dabei – große Namen, von Roberto Benigni über Steve Buscemi bis zu Iggy Pop und Tom Waits.

Dass auch RZA und GZA vom Wu-Tang Clan bei Jarmusch

auftreten, zeigt die Selbstverständlichkeit, mit der so unterschiedliche Clans wie diese beiden immer wieder gemeinsame Anknüpfungspunkte finden: RZA war schon als Schauspieler und Musiker dabei, als Jarmusch mit seinem Film »Ghost Dog« das Hagakure – das Regelwerk eines Samurai-Clans – ins Kino brachte. Bei »Coffee and Cigarettes« tauchen die Wu-Tangs nun in einer wunderbar absurden Kaffeehaus-Szene mit Bill Murray (»Drei Engel für Charlie« und »Lost in Translation«) auf: Die beiden Rapper wollen den Schauspieler von den Kräften der Homöopathie überzeugen. Dass sie durch die gemeinsame Arbeit an dieser Szene einmal mehr auch die Kräfte des Clans preisen, ist eine geradezu logische Konsequenz aus dieser immer wieder Grenzen überschreitenden Kooperation.

Wir sehen also: Das Modell der Clans ist weiter verbreitet denn je. Es gibt sie wirklich überall. Man muss nur ein bisschen genauer hinschauen. Und schon zeigen Beispiele zuhauf: Allein geht nichts, im Clan geht alles.

Wussten Sie, dass Adriano Celentano im Clan arbeitet? Celentanos Status, schrieb die Schweizer *Weltwoche* jüngst über den immer erfolgreicher arbeitenden 67-jährigen Megastar, »gründet darin, dass er in einem Italien der mafiosen Verstrickungen mehr als 45 Jahre lang unabhängig blieb. Celentano ist sein eigenes System, führt die eigene Plattenfirma ›Clan Celentano‹ eisern, ließ sich nie etwas vorschreiben.« (*Weltwoche* Nr. 43/05, S. 17) Die Werte, auf die dieses System Celentano baut, präsentiert die Website (www.clancelentano.it) gleich zum Einstieg: Rebellion, Friede, Ökologie, Vernetzung.

ZETTEL  KASTEN

Der Celentano-Clan

Von der Erfahrung mit den Künstler-Werkstätten war Adriano immer schon sehr angetan. Und so schuf er sich – wie Andy Warhol mit seiner Factory und Frank Sinatra mit seinem Rat Pack (Dean

Martin, Sammy Davis Jr.) – seinen eigenen Clan. Der setzt bis heute auf die Kreativität einer Gemeinschaft von geistesverwandten Künstlern, die sich allesamt einem Alternativ-Modell der kulturellen Produktion verpflichtet fühlen. Selbst im Zusammentreffen mit der mächtigen industriellen Verwertungskette bleibt der Künstler dabei so unabhängig wie Clint Eastwood. Dieser produziert seine Filme unter dem Label von Malpaso, einer unabhängigen Insel inmitten der immensen Warner Bros. Studios. Er arbeitet auf allen Ebenen des künstlerischen Prozesses nur mit seinen Freunden, ohne sich dem Diktat der Kinokassen beugen zu müssen. Er würde sich nie abhängig machen lassen. Er bleibt unkonventionell.

Von Anfang an bis zu diesem Tag war das auch *Celentanos* Zugang zu seinen Platten, seinen Filmen und seinen Fernsehprogrammen, die allesamt an die Spitzen der Charts vorgedrungen sind.

(www.clancelentano.it/xeng/)

Noch etwas lässt sich aus diesen Clan-Beispielen herauslesen: Zum Wachsen benötigt der Clan – von der Gründung bis hin zum etablierten Erfolg – neben einer starken Führungspersönlichkeit vor allem auch deren Passion: Ob Eastwood, Celentano oder »Oberbruder« Andreas Staebler von der Weltmusik-Gruppe Hermanos Patchekos – sie alle nutzen ihre Macht im Clan zuerst als positives Vorbild. Sie führen, sie motivieren, sie entzünden Leidenschaft, sie schaffen Respekt.

Die Macht im Clan: Über die Clan-Chefs und die Insignien ihrer Macht.

Wer bei Google nach der Kombination von »Macht« und »Clan« sucht, erhält tausende Hinweise auf die Spiele-Clans der Computergeneration – ein interessantes Phänomen, auf das ich später noch eingehen will. Abgesehen davon geben die ersten Seiten der Ergebnisliste einer so brisanten Suche aber nichts her. Oder genauer gesagt: fast nichts.

Das einzige Dokument zum Thema Clan & Macht, das auf den ersten Blick erkennbar nichts mit den Online-Clans zu tun hat, taucht dafür gleich ganz am Anfang auf. Titel: »Die stille Macht«. Und weiter: »Ein Mythos, zwei Familienstämme, 13 Milliarden Euro Umsatz: Ein diskreter Clan steuert ein sagenhaft erfolgreiches Autoimperium."

Erzählt wird in dieser Geschichte aus dem *manager magazin* vom 7. 7. 2005, »wie die Porsches und die Piëchs im Stillen ihr Reich noch vergrößern«. Wer nun eine großartige Enthüllung über das Geheimnis der Macht erwartet hat, wird enttäuscht. Das Unternehmen ist zwar außergewöhnlich erfolgreich, das Machtgefüge aber erstaunlich schlicht:

»Die Familie ist doch eher eine diskrete, in sich gekehrte Macht«, analysieren die Autoren: »Gesellschaftlich tritt sie selten ins Licht, ihr politischer Einfluss ist gering. Einzig der lebensfrohe Wolfgang Porsche sticht ein wenig heraus aus der wortkargen und öffentlichkeitsscheuen Masse. Seine Frau Susanne, die eine Fernsehproduktionsfirma besitzt und einst ›Bunte-TV‹ abdrehte, gehört gleichsam von Berufs wegen der Münchener Society an; Gatte Wolfgang geht dann halt mit. Aber das war's auch schon mit Pomp, Publicity und großer Politik. Das Kerngeschäft des Clans ist nun einmal das Automobil. Dass sich Österreichs Bundesregierung nicht mehr in Mercedes-Karossen chauffieren lässt, sondern in den Audis und VW der Porsche Holding – das zählt.«

Nun, was lernen wir daraus? Jeder Clan schafft sich seine eigene Machtstruktur. Er schneidet sie für seine Angehörigen und Ziele quasi nach Maß. Ich kann Ihnen also nicht mit einer simplen Handlungsanleitung zum Machtaufbau dienen. Stattdessen empfehle ich: Tun Sie, was Sie für richtig halten. Und hinterfragen Sie dabei immer, was Sie gerade tun. Wenn Sie Ihre Wertebasis ernst nehmen, dann ist der Rahmen, in dem Sie als Clan-Chef oder als Clan-Chefin Macht ausüben können, ohnehin schon recht deutlich abgesteckt.

Als kleine Stütze will ich Ihnen ein klugen Satz von Abraham Lincoln mitgeben: »Willst du den Charakter eines Menschen erkennen, so gib ihm Macht.« Gehen Sie beruhigt davon aus, dass alle – also jeder Mensch in Ihrem Clan – den Gehalt dieses Satzes verinnerlicht haben. Dass jeder Mensch in Ihrem Clan Ihre Performance als Clan-Chef oder als Clan-Chefin an diesem Satz messen wird.

Ganz ähnlich wird es Ihnen mit den Insignien der Macht gehen: Nehmen Sie diese Dinge ernst, aber nehmen Sie sich selbst dabei nicht übertrieben wichtig.

Ein Beispiel, die Auswahl und Ausstattung Ihres Büros betreffend: Es mag gut sein, dass Ihre großen, repräsentativen und erkennbar teuer ausgestatteten Büroräume den einen oder anderen Ihrer Kunden beeindrucken. Achten Sie aber bitte dringend darauf, dass diese Räumlichkeiten in einem glaubwürdigen Verhältnis zu denen Ihrer Mitarbeiter stehen. Denken Sie daran, dass Sie sich mit anrüchigem Protz furchtbar blamieren und den mühsam erworbenen Respekt damit aufs Spiel setzen können.

Machen wir kurz einen kleinen Rundgang durch Ihr Unternehmen, durch Ihren Clan. Wo sind da die Machtzentralen angeordnet? Wo sitzen jene Clan-Mitglieder, die am nachhaltigsten über das Wohlergehen Ihres Clans entscheiden? Wo sitzen die Alpha-Tiere? Und wo sind die Beta-, Gamma- und Omega-Typen untergebracht? (Entschuldigen Sie diesen kleinen Vorgriff; Details über die Typologie der Clan-Mitglieder finden Sie im Trainingsraum, ab Seite 176)

In einer idealen Welt sollte die Raumplanung folgendermaßen aussehen: Die Macht-Zentrale, also die Büros der Clan-

Chefs, sind vom Eingangsbereich eher weit entfernt – eine Regel, die den Anhängern des Feng Shui geläufig ist. Wenn möglich sollten die Clan-Oberhäupter in einem Eckzimmer wirken. Dort wird Macht aufgenommen, dort laufen die Fäden zusammen. Ein Sandwich-Zimmer würde Sie einkeilen: Lassen Sie sich nicht von den unterschiedlichen Kräften Ihrer Zimmernachbarn bedrängen.

Der Vorhof der Macht ist für eine ganz wichtige Gruppe von Clan-Mitgliedern reserviert: Es sind dies jene Kollegen, die den Zugang zum Machtzentrum reglementieren und so überhaupt erst ein strukturiertes Arbeiten ermöglichen. Achten Sie also darauf, dass diese Räume, in denen Empfang und Assistenten untergebracht sind, eine möglichst positive Energie ausstrahlen: Das Vorzimmer ist ein wichtiger Knotenpunkt, dort fallen sehr viele wichtige Vorentscheidungen.

Natürlich sind auch Größe und Kubatur der Räume Ausdruck von Machtverhältnissen: Weil das richtige Maß vor allem kulturabhängig ist, will ich hier keine Zentimeter-Angaben machen. Es gilt, wie auch schon oben: Bewahren Sie das Augenmaß. Übertreiben Sie nicht. Bleiben Sie sich treu. Machen Sie sich nicht zum Gespött. Aber zeigen Sie, dass Sie sich Ihrer Funktion bewusst sind. Dies trifft auch für die Ausstattung der Räumlichkeiten zu: Weniger ist mehr – dies gilt als erste Regel immer weiter. Und zweitens sollten Sie streng darauf achten, dass sich die Corporate Identity Ihres Clans auch im Corporate Design widerspiegelt. Was stimmig ist, stimmt.

Das Kleid des Scheichs

Das Umfeld, in dem Sie tätig sind, weist Ihnen in aller Regel auch den angemessenen Umgang mit den Machtinsignien zu. Sie müssen nur aufpassen und sensibel sein – dann kann (fast) nichts mehr schief gehen.

Mitunter etwas schwierig ist die Sache im interkulturellen Geschäftsleben. Ein Beispiel: Ich bin seit einigen Jahren geschäftlich eng mit dem Emirat Dubai verbunden. Und muss gestehen, dass immer wieder ein paar Recherchen nötig sind, um den Tritt in ein Fettnäpfchen zu vermeiden.

Als ich Sheikh Ahmed bin Saeed Al-Maktoum anlässlich eines *Powerboat*-Rennens in Dubai zum ersten Mal traf, trat er als souveräner Vertreter des Maktoum-Clans selbstverständlich in der Dischdascha auf, dem traditionellen weißen Kleid der Emirati. Ein paar Monate später, in der Wiener Hofburg, sollte ich ihm bei einem Empfang erneut begegnen: Diesmal kam Sheikh Ahmed – überraschend, wie ich fand – in einem perfekt sitzenden Smoking. Es war dies, wie ich mich aufklären ließ, eine freundliche Geste den österreichischen Gastgebern gegenüber.

Wer nun glaubt, sich ebenso revanchieren zu dürfen, der irrt: Stellen Sie sich vor, Sie sind bei einem Event in Dubai oder Abu Dhabi eingeladen. Aus Dankbarkeit für die Einladung tragen Sie eine Dischdascha – oder als Dame eine Abbaya. Gehen Sie davon aus, dass Ihnen das angebahnte Geschäft durch die Lappen gehen wird: Sie haben sich gerade lächerlich gemacht. Ein »Expatriat« trägt niemals die traditionelle Kleidung.

Also: Erkundigen Sie sich, wenn Sie unsicher sind. Es könnte sein, dass aus Ihrem Machtstreben durch den Griff zu den falschen Machtinsignien ganz schnell Ohnmacht wird.

Immer wieder werden Sie im Clan mit dem Thema Macht konfrontiert. Besonders häufig passiert dies im Zusammenhang mit den Insignien derselben – mit den Gadgets, mit den Spielzeugen etwa.

In den achtziger Jahren des vergangenen Jahrhunderts, als ein Autotelefon noch den geräumigsten Kofferraum zur Hälfte füllte, war ich in einem österreichischen Touristik-Unternehmen auch für die Anschaffung der Telefonanlage zuständig. Zu Testzwecken stellte uns eine Firma damals drei Geräte zur Verfügung – eines für den Generaldirektor und eines für seinen Stellvertreter. Das dritte Gerät konnte ich mir – gegen ein halbes Dutzend männlicher Kollegen – sichern. Damals habe ich gelernt, wie wichtig solche Insignien der Macht sind: Hätte ich den Herrschaften ihre Gehälter um zehn Prozent gekürzt, hätten sie mir dies mit Sicherheit nicht so lange nachgetragen.

Womit wir an einem logischen Übergang angelangt wären: Die Macht und ihre Insignien sind wichtig. Mindestens ebenso wichtig ist das Thema Macht und Sex. Um zu zeigen, wie dicht diese beiden mitunter verwoben sind, darf ich Sie für ein paar Momente ins Kino entführen. Zur Mafia. Und zu Alain Delon.

Sind Sie bereit? Sie haben Popcorn und Cola besorgt? Platz genommen in einem weichen, roten Samtfauteuil? Gut, dann kann's ja losgehen. Vorhang auf für den »Clan der Sizilianer«:

ZETTEL  KASTEN

Der Clan der Sizilianer

Obwohl die Mafia ihre Macht durch blutige Verbrechen skrupelloser Berufskiller demonstriert, leben die Bosse der ehrenwerten Gesellschaft nach einem strengen Moralkodex. Beschmutzt ein Fehltritt die Ehre der Familie, dann reagieren die Oberhäupter der Clans besonders empfindlich. So zumindest beschreibt es immer wieder das Kino. Der französische Regisseur Henri Verneuil erzählt in seinem spannenden Thriller »Der Clan der Sizilianer« die Geschichte eines spektakulären Juwelendiebstahls, der in der Familie Manalese eine Tragödie auslöst. In dem französischen Krimi von 1969 spielen Weltstars wie Jean Gabin, Lino Ventura und Alain Delon. (...)

Der Verbrecher Sartet (Alain Delon) bricht mit Hilfe des Manalese-Clans aus dem Pariser Gefängnis aus, wo ihm Informationen über die wertvollsten Stücke einer Juwelensammlung zugespielt wurden. Der Flüchtige überzeugt Clanoberhaupt Vittorio Manalese (Jean Gabin), gemeinsam einen spektakulären Coup zu landen. Als die **Diamanten** in einem Flugzeug von Rom nach New York transportiert werden, entführen die Manaleses die Maschine.

Doch der Pariser Kommissar Le Goff (Lino Ventura) hat die Spur der Juwelendiebe verfolgt. Während es ihm gelingt, einen Teil der Familie zu verhaften, erfährt Vittorio, dass Sartet ein Verhältnis mit seiner Schwiegertochter hatte. Der Sizilianer lockt das Paar in eine verlassene Kiesgrube, um die Ehre der Familie zu retten.

(teleschau – der mediendienst; Tom Ruder
in: www.cineastentreff.de/forum/kino-news-1039.html)

Ganz abgesehen davon, dass wir hier wirklich großes Kino sehen, zeigt dieser Film auch sehr schön, wie Clan-Chef Manalese seinen Wertvorstellungen von Ehre, Gefühl und beruflicher Professionalität zum Durchbruch verhilft. Ruhig und entschlossen stellt er sich in den Dienst seines Clans.

Dass der junge Sartet den mächtigen Clan-Chef – wenn auch unbedacht – herausfordert, wird mit einem knappen Dialog eingeleitet: Am Strand wird Sartet von Manaleses Schwiegertochter Jeanne beobachtet: »Ich habe noch nie gesehen, dass jemand einen Fisch so tötet wie Sie.« Sartet widmet sich ihr daraufhin mit dem pikanten Satz: »Sie haben vieles noch nie gesehen.« Damit ist sein Schicksal besiegelt.

Ich weiß natürlich, dass nicht jede Liebschaft im Clan zur Endstation Kiesgrube führt. (So wie ein Clan eben auch nicht zwangsläufig zur Mafia gehört.) Aber dennoch scheint mir das Thema Sex im Clan ein paar Bemerkungen zu vertragen. In diesem Sinne:

Ein kleiner Exkurs zum
Sex im Clan.

Es wäre – das hat uns Alain Delon soeben in Erinnerung geru-
fen – naiv zu glauben, dass in einem Clan erotisches Prickeln
zwischen Mann und Frau einfach untersagt werden könnte.
Monsieur Sartet hat gewusst, dass der alte Malanese Rache
schwören würde, wenn ihm die außereheliche Liaison seiner
Schwiegertochter zu Ohren käme. Und trotzdem haben sich
die beiden in eine Amour fou gestürzt. (Verbotene Früchte
schmecken eben besonders süß. Vom Reiz einer ausweglosen
Liebe voller Wahnsinn, Tod und Tragik ganz zu schweigen ...
Die Franzosen lieben das!)

Es leben nun einmal keine geschlechts- und trieblosen Menschen im Clan. Liebesgeschichten, sexuelle Abenteuer, Heiratsan-
träge – all das ist Teil des Lebens, selbstverständlich auch im Clan.

Auf dieser Basis ist es aber besonders wichtig, einen angemessenen Umgang mit dem heiklen Thema zu entwickeln.

Worin genau liegt das Problem? Erstens ist all das heikel,
was – so sagt es das Wörterbuch – mit größter Vorsicht zu behandeln ist. Prekär ist der Sex im Clan also nicht, weil es ihn
gibt. Mit besonderem Fingerspitzengefühl ist das Thema jedoch dort zu behandeln, wo es mit den Macht- und Hierarchie-
verhältnissen kollidiert, also im Clan.

Aus der Sicht eines Unternehmens-Chefs – um ein Beispiel
zu geben – ist der Sex nicht allein schon heikel, weil ein ver-
heirateter Angestellter mit einer verheirateten Angestellten
eine außereheliche Beziehung pflegt: Der Clan-Chef ist nicht
zwangsläufig verpflichtet, den Moralapostel zu spielen. Es gehört nicht automatisch zu seiner Verantwortung, andere Menschen zu erziehen. Solange das Unternehmen, solange der Clan
nicht durch das Verhältnis der beiden beeinträchtigt wird.

Delikat wird die Sache aber zum Beispiel dann, wenn der Seitenspringer / Ehebrecher der Vorgesetzte seiner Geliebten ist. Genauso heikel wird es, wenn sie seine Vorgesetzte ist. Wenn Abhängigkeiten ausgenutzt werden. Wenn Hierarchien ins Wanken geraten. Wenn den Regeln, dem Wertekanon des Clans zuwidergehandelt wird.

Damit will ich die Bandbreite zur Regel machen: Nicht alles, was mit Sexualität zu tun hat, ist schlecht für den Clan. Aber doch einiges, was schlecht für den Clan ist, hat mit der Sexualität zu tun. Die Kunst ist es nun, zwischen diesen beiden Polen den Kurs zu halten. Dass das nicht allein die Aufgabe des Chefs sein kann, versteht sich von selbst.

Als Chef oder Chefin eines Clans sind Sie für das Funktionieren Ihres Clans wohl hauptverantwortlich. Sie sind aber auch dafür verantwortlich, dass sich all Ihre Clan-Mitglieder mitverantwortlich fühlen. Daraus folgt, dass jeder im Clan gehalten ist, mit diesem Thema möglichst diskret, sensibel und achtsam umzugehen.

Bis zu einem gewissen Maß lässt sich jeder von uns gerne verführen. Es kann also jederzeit passieren, dass uns jemand über die Maßen fasziniert. Es gibt Momente, in denen es zu schwer fällt, nein zu sagen. All das sind Realitäten. Und als solche sind sie lebbar.

Kompliziert – und damit belastend – werden sie für den Clan erst durch den Regelbruch: Ganz klar muss die Wertewelt des Clans daher auch den Umgang mit Erotik, mit Sexualität, mit Beziehungen regeln. In vielen Fällen – um nicht zu sagen: in den meisten Fällen – ist dieses Thema ja gerade deswegen so heikel, weil eine Grenzüberschreitung oder ein Machtmissbrauch damit verbunden sind.

Leicht kann das Spiel mit den Reizen, das Hingezogensein zum Aufreizenden, der Hang zum Verbotenen diese Grenzen überschreiten. Eben weil diese Grenzen nicht ganz einfach allgemein verständlich zu ziehen sind, werden sie ja so leicht überschritten.

Damit das möglichst nicht passiert und es nicht zum Missbrauch der Macht und zum »Sexual Harrassment«, der sexuellen Belästigung kommt, muss der Clan die Regeln kennen.

Es ist die Aufgabe der Clan-Spitze, mit sensitiver Aufmerksamkeit sexuell-atmosphärische Störungen im Clangefüge zu orten. Und, falls nötig, entsprechend zu reagieren: Wenn die Clan-Balance gefährdet ist, müssen Sie mit fairen Maßnahmen gegensteuern, ohne irgendjemanden dabei zu desavouieren.

Legen Sie dabei nicht zwangsläufig Ihren persönlichen Maßstab für sittliches Verhalten an. Die Angelegenheit ist ausschließlich an jenen Werten zu messen, die im Clan hochgehalten werden: Wenn gewohnheitsmäßig ein eher lockerer Umgang miteinander festgelegt wurde, dann wird Ihr Festhalten an den strengen Moralvorstellungen der römisch-katholischen Kirche auf Unverständnis und Missmut treffen. Das heißt natürlich nicht, dass Sie – bei aller Freizügigkeit – Machtmissbrauch dulden dürfen.

Bleiben Sie wachsam, aber realistisch. Sie müssen nicht alles gutheißen, was Ihnen zu Ohren kommt. Sie müssen schon gar nicht alles verstehen. Unterschiedliche Menschen haben nun einmal unterschiedliche Vorstellungen vom Leben. Und eben auch verschiedene Vorlieben. Die sie leben wollen und werden – ob es Ihnen passt oder nicht.

ZETTEL  KASTEN

Sex im Clan: Das Mitakuku

Ein anderer Wesenszug des Liebesspiels, für den der Durchschnittseuropäer noch weniger Verständnis haben dürfte als für das kimali, ist das mitakuku, das Abbeißen der Augenwimpern. Soviel ich aus Beschreibungen und einheimischen Darstellungen ersehen konnte, beugt sich der Liebende zärtlich oder leidenschaftlich über die Geliebte und beißt ihr die Spitzen der Wimpern ab. Das geschieht, wie ich hörte, sowohl im Orgasmus als auch in weniger leidenschaftlichen Vorstadien. Es ist mir nie ganz gelungen, den Mechanismus oder den sinnlichen Gewinn dieser Liebkosung zu erfassen...

(Bronislaw Malinowski: Das Geschlechtsleben der Wilden in Nordwest-Melanesien, Verlag Dietmar Klotz, Eschborn 2001)

Aber: Sie sind zum Eingreifen verpflichtet, wenn Sie von Beziehungen erfahren, die den Clan stören oder gar in seinem Zusammenhalt schwächen könnten.

Ich war, in jüngeren Jahren, einige Jahre lang mit der Führung einer an Mitarbeitern reichen Abteilung eines großen Unternehmens betraut. Von den 120 Angestellten war der größte Teil weiblich. Die Führungspositionen waren fast hälftig mit Frauen und Männern besetzt. Wir entwickelten im Lauf der Zeit eine gute Basis des Zusammenlebens. Aus heutiger Sicht würde ich sagen, dass dies schon ein recht wohlgeratener Vorläufer meines Clan-Modells war.

Eines Tages erfuhr ich, dass einer der Gruppenleiter ein Verhältnis mit einer ihm unterstellten jungen und attraktiven Mitarbeiterin pflegte. Mir persönlich schien dies moralisch nicht einwandfrei zu sein: Der Mann war schließlich verheiratet. Zum Getuschel wurde die Sache allerdings, weil hier Grenzen missachtet wurden. Als Vorgesetzte kam ich also unter Zugzwang: Ich konnte nicht länger so tun, als wüsste ich von nichts. Gleichzeitig wollte ich mich aber auch nicht in private Dinge einmischen. Ich verstand schnell, dass ich nicht tolerieren konnte, wenn ein mir unterstellter Manager eine den Tagesrand, vielmehr die Bettkante überschreitende Beziehung zu einer ihm Untergebenen unterhielt.

Die Lösung, zu der ich mich damals erst nach längerem durchringen konnte: Ich musste die beiden nicht im Privaten, aber im Arbeitsalltag trennen. Sie sollte von ihm nicht mehr beruflich abhängig sein; er sollte seine Position in der Hierarchie nicht mehr für Privates missbrauchen können.

Nachdem ich das entsprechende Gespräch geführt, die Versetzung in die Wege geleitet und das Getuschel damit wieder auf ein Mindestmaß reduziert hatte, war mein Part erledigt.

HELLER  BELEUCHTET

Wie Sie als Chef mit der Sexualität im Clan umgehen

- Halten Sie Ihre Ohren offen. Lernen Sie, Spannungen frühzeitig zu erkennen.

- Reagieren Sie bei neuen Liebesgeschichten nicht übereilt. Das Feuer könnte nach kürzester Zeit schon wieder erlöschen. Es könnte sich aber auch eine langjährige Ehe entwickeln.

- Wenn Sie merken, dass Loyalität und Diskretion gefährdet sind, sprechen Sie dies klar und ohne Vorwürfe gegenüber den Betroffenen aus.

- Machen Sie Ihren Mitarbeitern klar, dass Arbeit und Vergnügen weitgehend auseinander zu halten sind.

- Ergreifen Sie Maßnahmen, wenn sich die anderen in ihrem Arbeitsablauf gestört fühlen.

- Schützen Sie Mitarbeiter und Mitarbeiterinnen in jedem Fall vor unerwünschten sexuellen Übergriffen. Dies beginnt schon bei der Sprache, mit deren Hilfe der Machtmissbrauch oft eingeleitet wird.

- Sexuelle Belästigung am Arbeitsplatz ist kein Tabuthema. Nicht nur Vorgesetzte, auch Kunden oder Lieferanten können Täter sein. Thematisieren Sie dies in Gesprächen mit Führungskräften und anderen Mitarbeitern. Betonen Sie gerade in solchen Situationen auch die Werthaltungen in Ihrem Clan. Beispiele in anderen Unternehmen, die Sie aus der Zeitung kennen könnten, eignen sich hervorragend, um die eigenen Grenzen im Gespräch mit anderen zu definieren.

- Spielen Sie nicht den Tugendwächter. Auch Sie könnten sich verlieben. Auch Ihnen könnte die Libido einen Streich spielen.

- Seien Sie sich der Verantwortung Ihres Handelns immer bewusst.

Die Chefin des Clans:
Über die besondere Kraft der Frauen.

Sie, liebe Leserin, wissen vermutlich, wovon in diesem Kapitel die Rede sein wird. Und Ihnen, lieber Leser, möchte ich einleitend ein kleines Geheimnis verraten: Wir Frauen werden mit zunehmendem Alter immer besser.

Ich muss zugeben, dass dieses Faktum nicht immer in meinem Wissensschatz verankert war. Ich gestehe sogar, dass ich anfangs gar nichts davon wissen wollte. Als mir eine gute Freundin vor langem schon einmal davon erzählt hat, dass sie sich mit den Jahren immer stärker fühle, habe ich das Gespräch schnell auf ein anderes Thema gelenkt. Ich wollte ihr damals nicht folgen, weil mich das Älterwerden eher erschreckt und verunsichert hat. Heute kann ich ganz unbefangen mit ihr darüber sprechen: Ja, auch ich habe diese Erfahrung inzwischen gemacht. Ja, auch ich bin stärker geworden, seit ich nicht mehr auf das Jungsein fixiert bin.

Nun weiß ich, dass Sie mit meinen eigenen Erfahrungen allein noch nicht viel anfangen können. Ich weiß auch, dass meine Empfindungen rein statistisch betrachtet sogar irrelevant sind. Aber schon eine kleine Umfrage im weiteren Bekanntenkreis bestätigt mir das Phänomen: Ich bin mit diesem Gefühl nicht alleine. Auch viele andere Frauen empfinden ab einem bestimmten Alter Kräfte, die sie in jüngeren Jahren noch nicht aktivieren konnten.

Nun hat mich das so fasziniert, dass ich weitergesucht habe – bis ich fündig wurde. Etwa bei Dr. Christine Bodenschatz-Li, einer auf chinesische Medizin spezialisierten Ärztin in Hamburg: Sie schildert in ihrem Buch »Der Weg der Kaiserin«, wie Frauen »die alten chinesischen Geheimnisse weiblicher Lust und Macht für sich entdecken«. Dafür hat sie tausend Jahre alte chinesische Klassiker ins Deutsche übersetzt und mit der

Soziologin Ulja Krautwald gemeinsam ein Programm formuliert: »Die Kaiserin nimmt sich, was sie braucht. Die Kaiserin ist schön. Die Kaiserin ist schamlos.« Die Kaiserin, das versteht sich an dieser Stelle fast schon von selbst, die Kaiserin sind wir. Wir Frauen. Sie, liebe Leserin, und ich. Wir können, wenn wir es nur wollen, unser Leben selbst bestimmen.

Und genau dabei kommt uns jenes Phänomen zur Hilfe, das die Autorinnen in ihrem Buch beschreiben: die Kraft, die uns Frauen erst in der zweiten Hälfte unseres Lebens erwächst.

ZETTEL ■ KASTEN

Die Macht wechselt

Während der ersten Hälfte der erwachsenen Jahre einer Frau unterliegen *Zunehmen und Abnehmen* ihrer Kraft und Fülle den Rhythmen und Gesetzen der Natur. Es geht um die Abfolge der Generationen, ganz gleich, ob die Frau sich entscheidet, selbst zu gebären oder nicht.

Die zweite Hälfte des Lebens gehört ihr allein. Es ist ein Geschenk, ein Luxus und eine Herausforderung, ihre Kräfte verschwenderisch für das einzusetzen, was nur ihr wichtig ist. Mit dem Versiegen der Menstruation hat die Frau all ihre Kraft für sich selbst. Nichts strömt mehr davon. Nun verfügt sie über die Möglichkeit und die Erfahrung, das in die Tat umzusetzen, was sie immer schon wollte, sich vorher nicht traute oder wofür sie keine Zeit hatte. Vorausgesetzt, sie ist bereit, das Geschenk zusätzlicher Kraft anzunehmen. Mit allen Konsequenzen. Die Frau um fünfzig ist die mächtige Matrone, nicht das liebliche Mädchen.

(Christine Li, Ulja Krautwald: Der Weg der Kaiserin.
Scherz Verlag München 2003, alle Rechte vorbehalten
S. Fischer Verlag GmbH, Frankfurt am Main)

Wer sich ein bisschen in der Welt umtut, wird immer wieder Belege dafür finden, wie Frauen ihre wahren Stärken oft erst im vorgerückten Alter ausleben. Ich habe, um Ihnen zumindest ein paar empirische Belege dafür liefern zu können, nach prägnanten Beispielen von außergewöhnlichen Clan-Chefinnen gesucht.

Fündig wurde ich zuerst beim Kennedy-Clan. Arnold Schwarzenegger, so war 2003 zu lesen, habe zu seiner Kandidatur als republikanischer Kandidat für die kalifornischen Gouverneurswahlen »vollkommen überraschend ausdrückliche Unterstützung des demokratischen Kennedy-Clans« erhalten. Der *Stern* schrieb damals über die Frau, der er das zu verdanken hatte: »Eunice Kennedy Shriver, Schwester des verstorbenen US-Präsidenten John F. Kennedy, Familienoberhaupt des Clans und Schwarzeneggers Schwiegermutter, brach damit mit der streng demokratischen Familientradition.«

Dann in der Literatur. In Stewart O'Nans Familienroman »Abschied von Chautauqua« verbringen die Maxwells eine letzte gemeinsame Ferienwoche im Sommerhaus, das Mutter Emily verkauft hat, nachdem ihr Mann gestorben war: Sie sei, beschreibt der Wiener *Falter* die herausragenden Eigenschaften der »Clan-Chefin Emily« zusammenfassend, »die gut organisierte Domina der Familie«.

Oder im Fernsehen: Maria Schell übernahm Mitte der neunziger Jahre in der TV-Saga »Der Clan der Anna Voss« als beinahe 70-Jährige die Titelrolle der Clan-Chefin. Ähnliches hatte vor ihr schon die amerikanische Schauspielerin Jane Wymann gewagt: Die Frau, die einst mit Ronald Reagan verheiratet war und mit Alfred Hitchcock, Frank Capra und Billy Wilder gedreht hatte, wagte in ihren späten Sechzigern eine zweite Karriere fürs Fernsehen: In der TV-Serie »Falcon Crest« brillierte sie als skrupellose Clan-Chefin Angela Channing. 1984 – als 70-Jährige – wurde sie dafür mit dem Golden Globe als beste Fernsehdarstellerin ausgezeichnet.

Oder in die Musik: In der Heavy-Metal-Familie des ehemaligen »Black Sabbath«-Rockers Ozzy Osbourne hält seine Frau

Sharon als Clan-Chefin mit zunehmendem Alter die Zügel fester in der Hand.

Ja, selbst im Tierreich lässt sich angeblich Ähnliches beobachten. Bei den Elefanten – das behauptete jedenfalls der World Wildlife Fund ausgerechnet am Weltfrauentag 2005 – spielt die erfahrene Clan-Chefin gerade in brenzligen Situationen eine besonders wichtige Rolle: »Ältere Männchen leben meist als Einzelgänger und nähern sich einer Herde nur zur Paarungszeit. Hin und wieder schaltet sich die Leitkuh ein: Wird ein Weibchen von einem paarungswilligen Verehrer zu sehr bedrängt, spricht die Clan-Chefin schon mal ein Machtwort.«

ZETTEL  KASTEN

Falcon Crest: Das Haus der Väter

Italienischstämmige Einwanderer haben aus dem kalifornischen Tuscany Valley ein erstklassiges Weinanbaugebiet gemacht. In der Nachfolge des verstorbenen Patriarchen Joseph Gioberti arbeiten und streiten sich verschiedene Fraktionen des Gioberti-Clans. Die Herrin des Tales ist Angela Channing auf ihrem Weingut Falcon Crest, die Tochter des Gründers. Sie kennt nur ein Ziel: Sie will das gesamte Tuscany Valley beherrschen. Dem steht entgegen, dass der Sohn ihres verstorbenen Bruders, Chase Gioberti, seinen Job als Pilot an den Nagel gehängt hat und im Metier des Weinbaus unerwartet erfolgreich geworden ist.

(www.fernsehserien.de)

Von solch unerwarteten Kräften erzählen auch die Mythen der amerikanischen Ureinwohner. Jamie Sams, eine Indianerin vom Stamm der Cherokee, hat sich als Beraterin und Autorin immer wieder auf diesen reichen Schatz bezogen. In ihrem wohl bekanntesten Buch »Traumpfade« erschließt sie ihren Lesern die Traumwelten als Quelle der Inspiration. In dem weniger bekannten Buch »13 Original Clan Mothers« stützt sie sich auf jene Lehren, die ihr die beiden Clan-Großmütter Cisi und Berta mit

115

auf den Weg gegeben haben: »Cisi Laughing Crow und Berta Broken Bow gaben mir das Vermächtnis, auf das ich mein Leben aufgebaut habe«, schreibt sie. »Nach allem, was wir wussten, war Cisi 120 und Berta gar 127 Jahre alt, als ich eine junge Frau von 22 war. Die Großmütter Cisi und Berta haben mir die Original Thirteen zum Geschenk gemacht. Jetzt will ich dieses Geschenk an die Schwesternschaft der Menschheit weiterreichen.«

Vor allem die folgende Passage bestätigt mich in meinen Erfahrungen: »Um eine wirklich erwachsene Frau zu werden, was den Traditionen der amerikanischen Ureinwohner zufolge im Alter von 52 Jahren ansteht, sollte ich an meinem Weg arbeiten und meine Talente und Begabungen mit Hilfe der Lehren von den Thirteen Original Clan Mothers entwickeln.«

Nun will ich mich hier nicht länger über die besonderen Kräfte der Frauen verbreiten. Worum es mir dabei geht, habe ich mit dem bisher Gesagten wohl gezeigt. Ausdrücklich hinzufügen möchte ich nur noch, dass diese Kräfte zwar uns Frauen eigen sind. Dass sie im Clan aber selbstverständlich Frauen wie Männern zugute kommen. Eine Clan-Chefin ist gut, wenn sie kräftemäßig aus dem Vollen schöpfen kann. Für den Clan ist die Quelle dieser Kräfte aber nicht weiter wichtig, solange er seiner Chefin vertrauen kann.

Die Gefühlswelt im Clan: Über Respekt, Motivation und Leidenschaft.

Eine Begegnung möchte ich hier kurz rekapitulieren. Eine Begegnung, die ich schon beeindruckend fand, bevor ich von Jamie Sams und ihrer Lehre der 13 Clan-Mütter gelesen hatte.

Eine Begegnung, die ich mir im Lichte dieser Lektüre aber noch einmal in Erinnerung rufen möchte. Und zwar das Treffen mit Konstanze von Allmen.

Mein Gespräch mit der Chefin des Kandahar-Clans im schweizerischen Thun hat mich in vielerlei Hinsicht beeindruckt. Was sie über Qualität im Clan zu sagen hat, schien mir wertvoll. Was sie über die Familie im Clan berichtet hat, fand ich anregend. Und auch was sie mir über Werte und Einzigartigkeit erzählt hat, verstand ich als Bestätigung.

Gegen Ende unseres Gesprächs aber kamen wir noch einmal auf das Alter zu sprechen. Wir unterhielten uns in diesem Zusammenhang auch über den zunehmenden Respekt, der einem entgegengebracht wird. Wie gesagt, wir unterhielten uns. Nach kurzem Zögern aber setzte Konstanze von Allmen zu einer längeren Geschichte an, die – wie ich später auf dem Tonband hörte – in diesen schönen, gefühlvollen Absatz mündete:

»Wenn mir heute jemand sagt, dass ich eine tolle Frau bin, dann kann ich das annehmen. Ich glaube es. Ich weiß es. Und ich merke, dass ich das auch lebe. Ich finde es aber auch wichtig, dass ich etwas davon weitergebe. Ich hätte diese Kraft vielleicht schon früher gut brauchen können. Aber ich bin halt jetzt erst mit 50 erwachsen geworden. Dafür fange ich nun an, richtig zu leben und aktiv zu werden. Ganz klar möchte ich aber auch sagen, dass ich all das nie erreicht hätte ohne die Geduld, die Liebe, das Vertrauen, die Unterstützung und die Freiheiten, die mir mein Mann in 30 Jahren gegeben hat. Ich weiß heute, dass Respekt, Motivation und Leidenschaft die Basis für alles waren, worüber wir heute gesprochen haben: für meine Entwicklung, für die Entwicklung unserer Beziehung, für die Entwicklung unseres Unternehmens, für die Entwicklung unseres Clans.«

So weit, so erfreulich. Doch im Clan kann auch alles anders sein. Jede(r) ist ihres (seines) Glückes Schmied.

HELLER ✴ BELEUCHTET

Die Realität sieht leider oft anders aus

Ein tolles Unternehmen, diese Zegna-Gruppe. Zweitgrößter Herrenausstatter der Welt. 1910 von Ermenegildo Zegna gegründet, macht die Gruppe heute 700 Millionen Euro Jahresumsatz. Geführt wird das Unternehmen als Clan, alle elf Gesellschafter kommen aus der Familie – Mutter, Vater, Tante sowie acht Cousins und Cousinen.

Alles scheint dort eitel Sonnenschein, dem Vernehmen nach hat es nie einen ernsthaften Konflikt gegeben. Oberflächlich betrachtet stellt sich hier ein Paradeclan, ein Bilderbuch-Unternehmen in die Auslage. Aber bei näherer Betrachtung der Wertewelt des Clans und insbesondere des Frauenbildes scheint ein Konflikt programmiert.

Insbesondere Gildo Zegna, der 48-jährige operative Clan-Chef, hat ein dichtes Arbeitspensum zu erledigen. In Clanmanier löst er die meiste Zeit Probleme anderer und ist viel unterwegs. Ein echter Macher, charmant und straight zugleich. Er sei froh, dass er »zwei Söhne habe«, sagt er in einem Interview mit der Wochenzeitung *Die Zeit*. Und unausgesprochen, aber unüberhörbar schwingt mit: »... anstelle von Töchtern.« Ein kleines Indiz nur, und doch macht es mich aufmerksam. Also lesen wir weiter im Interview: (*Die Zeit*, 17. 10. 2005):

Signora Zegna, Signor Zegna: Wäre es denkbar, dass Sie hier in umgekehrter Konstellation sitzen, Sie als Boss, Signora, und Sie, Signor Zegna, als PR-Chef?

Gildo: Anna wäre gewiss geeignet, doch, du könntest das. Aber sie würde das gar nicht wollen. Die Hälfte meiner Arbeitszeit löse ich anderer Leute Probleme. Das wäre nichts für dich. Du müsstest dein Familienleben aufgeben.

Anna: Das würde ich nie tun, nein, nie im Leben.

Gibt es in Ihrer Familie eine Regel – eine unausgesprochene vielleicht –, die besagt: An der Spitze des Unternehmens steht ein Mann?

Gildo: Das wäre absurd, nein, eine solche Regel gibt es selbstverständlich nicht.

Wäre es möglich, dass eine Frau das Unternehmen leitet?

Gildo: Ich glaube nicht. Das ist aber nur meine persönliche Meinung. Vielleicht wird es einmal möglich sein, doch, bestimmt, theoretisch wäre es möglich.

So weit, so irritierend. Wie Gildo Zegna in diesem Interview seine Schwester Anna Zegna bevormundet, die immerhin als PR-Chefin des Unternehmens tätig ist, weist unübersehbar auf keimende Konflikte hin. Dass er Frauen eine Top-Position eher nicht zutraut, ebenso. Was das über Gildo Zegna als Mann sagt, will ich hier nicht beurteilen. Aus wirtschaftlicher Sicht finde ich die Aussagen jedoch bemerkenswert: Hinter den Mauern der Tradition entwickelt sich in diesem Clan ein Konfliktherd. Die wesentliche Frage ist: Was wird Frauen in diesem durch und durch männlich dominierten Unternehmen zugetraut?

Aus meiner Beratungspraxis erkenne ich solche Strukturen als Keimzellen für potenziell destruktive Konflikte. Wesentlich ist dabei nicht nur die Innen-, sondern vor allem die Außenwirkung: Kaufentscheidungen werden in vielen Fällen durch Frauen getroffen, auch wenn sich Zegna nur auf Herrenkollektionen fokussiert. Doch 79% der Einkäufe, auch wenn es um Herrengarderobe geht, werden durch Frauen – Ehepartnerinnen, Freundinnen, Schwestern der Kunden – entschieden. Und die fühlen sich von solchem Machismo mittlerweile unangenehm berührt. Authentisch und glaubwürdig agierende Unternehmen gehen mit Genderfragen nicht nur politisch korrekt um, sie leben Gleichberechtigung auch, sie achten beide Geschlechter gleichermaßen.

Respekt – der fehlt in der Arbeitsaufteilung des Zegna-Clans gegenüber der Frau im betrieblichen Umfeld. Die nächste Generation wird mit diesem Thema über die Maßen zu kämpfen haben. Sowohl interne als auch externe Konflikte können daraus resultieren und das Unternehmen durchrütteln.

Meine Empfehlung: Der Zegna-Clan sollte sich dringend und intensiv mit dem Thema Gendermainstreaming auseinander setzen. Interne Leadership- und Wertewelt-Programme müssen implementiert werden, um die innere Einstellung der männlich dominierten Struktur an die Realitäten der Außenwelt anzupassen. Und um sich in der Folge neu und moderner zu positionieren. Empfehlen würde ich einen Werte-Relaunch: In einem behutsamen und daher langjährigen Prozess muss auf die Entwicklung der internen Überzeugungen und der Wertewelt Einfluss genommen werden. Schrittweise muss dieser Prozess vom Clan ins Unternehmen und danach in die Öffentlichkeit getragen werden. Denkbar wäre dies als Leadership-Projekt, mit dem Zegna sich auch den Weg in die Damenmode öffnen könnte. Ein langfristiges strategisches Ziel für die Zegna-Gruppe, für das sie derzeit mental, strategisch und organisatorisch noch nicht reif ist.

Die dritte Tür

So gedeiht der Clan.

»Für die legale Natur der sozialen Beziehungen vielleicht
am bemerkenswertesten ist die Tatsache, dass die Rezip-
rozität, das Prinzip von ›Geben und Nehmen‹, die obers-
te Gewalt sowohl innerhalb des Clans als auch innerhalb
der nächsten Verwandtschaftsgruppen darstellt.«
(Bronislaw Malinowski, Sitte und Verbrechen bei den
Naturvölkern, Baden-Baden 1949)

Arm oder reich? Gut oder böse? Jetzt oder nie!

Sie wissen inzwischen, dass wir im Clan den Erfolg nicht allein in Geldwert messen. Dass uns Respekt und der angstfreie
Umgang miteinander wichtig sind. Dass wir Spaß haben wollen, bei dem, was wir tun. Dass wir lernen und weiterkommen
wollen. Sie wissen also, worauf es im Clan ankommt. Wie er
funktioniert. Und wie er wächst.

Sie sollten aber, nach allem, was Sie bisher gelesen haben,

noch erfahren, wie der Clan gedeiht. Wie er gemeinsame materielle Werte schafft. Wie er zum Erfolg verhilft. Welche Rolle dabei Feste, Geschenke, Rituale und Regeln spielen. Wie wichtig das ausgeglichene Wachsen der Alterspyramide ist. Und wie vorsichtig man im Clan mit dem Thema Nachfolge umgehen muss.

Sie werden hier also erfahren, was Sie beitragen können, damit Ihr Clan blüht und gedeiht. Dass sich dieses Gedeihen schließlich auch in Geldwert messen lässt – auch das will ich Ihnen in diesem Buch noch vorrechnen. Und zwar hinter der vierten Tür.

Hier fürs Erste nur so viel: Wir nehmen im Clan Umsätze, Betriebsergebnisse, Unternehmenskennzahlen selbstverständlich ebenso ernst, wie andere Unternehmer das tun. Wir sind – auch das ist eine Selbstverständlichkeit – natürlich nicht unseres eigenen Geldes Feind. Genau deshalb setzen wir auf den Clan Value. Immer wieder zeigt sich nämlich, dass der im Clan geschaffene Value nicht nur ein ideeller ist: Unternehmen, die nach den Prinzipien des Clans geführt werden, verursachen eindeutig geringere Kosten, schaffen also einen höheren Gewinn.

Wenn Sie also demnächst vor der Entscheidung stehen sollten, ob auch Sie den Clan Value realisieren wollen, dann vergessen Sie eines bitte nicht: Es geht dabei nicht darum, dass Sie eine Wahl treffen müssten zwischen Armbleiben und Reichwerden. Es geht bei dieser Entscheidung auch nicht um Gut oder Böse, um Richtig oder Falsch. Und selbstverständlich führen wir auch keinen Feldzug gegen jene Unternehmer und Manager, die auch heute noch ganz allein auf den Shareholder Value setzen. Das soll und wird wohl auch jeder so halten, wie er will. Die einzige Entscheidung, die Sie den Clan Value betreffend fällen müssen, lautet:

Jetzt oder nie?

Geben und Nehmen:
Über den gemeinsamen Lohn
und den Erfolg im Clan.

Das Leben im Clan ist kein l'art pour l'art. Selbstverständlich wollen wir Erfolg haben. Wir wollen Spaß haben, wir wollen uns wohlfühlen und wir wollen für unsere Mühen entsprechend be- und entlohnt werden. Wir wollen, um es auf einen einfachen Nenner zu bringen, nicht nur geben, sondern auch nehmen.

Damit sind wir schon zum Kern des Clan Value vorgedrungen. Geben und Nehmen – auf diesem Austausch basiert das Leben im Clan. Und nicht nur dort: Auf diesem Geben und Nehmen bauen wir auch sonst vieles auf. Freundschaften, Familienbeziehungen, Bekanntschaften – all diese Beziehungen sind gekennzeichnet durch einen beständigen Fluss von Gaben, durch ein Austauschen, durch ein stärkendes Hin und Her. Eine Hand wäscht die andere, heißt es. Wir helfen uns. Und wir lassen uns helfen. Wir geben. Und wir bekommen. Warum also sollte es im Clan anders sein?

ZETTEL ■ KASTEN

Geben und Nehmen – das dominierende
Prinzip im Stammesleben

Die ganze Einteilung in *totem*istische Clans, Unterclans lokaler Natur und in Dorfschaften ist charakterisiert durch ein System gegenseitiger Dienstleistungen und Verpflichtungen, in welchen die Gruppen untereinander »Geben und Nehmen« spielen. Für die legale Natur der sozialen Beziehungen vielleicht am bemerkenswertesten ist die Tatsache, dass die Reziprozität, das Prinzip von »Geben und Nehmen«,

123

die oberste Gewalt sowohl innerhalb des Clans als auch innerhalb
der nächsten Verwandtschaftsgruppen darstellt.

(Bronislaw Malinowski: Sitte und Verbrechen bei den Naturvölkern,
Baden-Baden 1949)

Aus den Beobachtungen von Bronislaw Malinowski dürfen wir
nun aber keineswegs schließen, dass die Menschen in früheren
Zeiten oder einfachen Verhältnissen ein besonderes Talent für
solche Tauschbeziehungen entwickelt hätten. Das Gegenteil ist
wahr, wie experimentelle Wirtschaftsforscher in jüngerer Zeit
demonstriert haben: »Je isolierter die Menschen lebten und
wirtschafteten, desto weniger Sinn sahen sie darin, sich einem
fremden Partner gegenüber fair oder großzügig zu verhalten«,
war der Schluss, den das Magazin *Bild der Wissenschaft* (9/2005)
aus den Forschungsergebnissen von Ernst Fehr zog. Der so genannte Experimental-Ökonom an der Universität Zürich hatte
in kulturübergreifenden Studien 15 Naturvölker untersucht.
Zuletzt hat er sich auch seine Landsleute vorgenommen und
herausgefunden, dass der Homo sapiens, wenn er nur entsprechend angeleitet wird, recht kooperativ ist. »Der Mensch ist lieber fair und anständig als egoistisch und berechnend«, schließt
Bild der Wissenschaft daraus. »Allerdings muss er im Lauf seines Lebens erst allmählich lernen, dass Kooperation sich aus-
zahlt.«

In diesem Sinn können wir im Clan auch eine recht erfolgreiche Bildungseinrichtung sehen. Beispiele dafür finden sich,
wohin immer man blickt. Auf den Trobriand Inseln vor Papua-
Neuguinea. In Wien. Oder in Indien.

Das Wort »artha« bedeutet in Hindi sowohl Macht als auch
Wohlstand. Artha ist eines der vier Ziele, die ein Hindu sein
Leben lang verfolgen soll. Im »Arthashastra«, einer Art Poli-
tiklehrbuch, das im 4. Jahrhundert vor Christus verfasst wurde,
findet sich denn auch eine der schönsten Regeln zum Geben

und Nehmen: »Das grundlegenden Prinzip jeglicher Geschäftstätigkeit besteht darin, dass kein Mensch, mit dem du Geschäfte machst, dabei verliert. Wenn du diesem Prinzip folgst, wirst auch du nicht verlieren.«

Heute wird dieser Gedanke im Neudeutsch unseres Geschäftsalltags gerne mit einer modischen Kurzformel als »Win-Win-Situation« beschrieben. Entdeckt habe ich diese uralte Arthashastra-Regel auf der Website des indischen Mischkonzerns Murugappa, einem der größten Unternehmen des Landes, das den inoffiziellen Beinamen »The Masala Clan« trägt.

Zu dieser in Chennai ansässigen »Murugappa Group« gehören 29 Firmen mit insgesamt 28.000 Mitarbeitern und Jahresumsätzen von weit jenseits einer Milliarde Euro. Dass auch in dieser Größenordnung der Clan Value eine wichtige Rolle spielen kann, zeigt ein kurzer Blick auf die »Werte und Glaubensgrundsätze«, die das Unternehmen auf seiner Website preist: »Bewege dich immer innerhalb der ethischen Normen – egal ob du mit Aktionären oder Mitarbeitern, mit Kunden oder Lieferanten, mit den Banken oder mit der Politik zu tun hast.« Oder: »Behandle die Menschen respektvoll.« Oder: »Für das Geld, das dir der Kunde gibt, musst du einen entsprechenden Wert zurückgeben – bestmögliche Qualität im Produkt und im Service.«

Ähnlichen Inhalts, aber in ganz andere Worte verpackt, ist die Botschaft eines Wiener Architekten: Gerd Zehetner. Er arbeitet seit zehn Jahren mit einer recht umtriebigen Gruppe junger Architekten in Wien (www.archiguards.at). Zuletzt standen die archiguards wieder einmal im Licht der Öffentlichkeit, weil sie das Corporate Headquarter des Steuer- und Unternehmensberaters »Deloitte« in Wien gestaltet haben.

»Geben und Nehmen – das ist unser Lebenskonzept«, sagt Zehetner, einer der vier archiguards-Gründer: »Man gibt etwas und man bekommt es wieder zurück. Vielleicht über zehn

Ecken – egal, aber die Saat geht auf. Geben steht für uns im Vordergrund. Wir rechnen nicht sofort gegen, was wir dafür bekommen.«

Zehetner ist 33 Jahre jung. Über Begriffe wie Vertrauen und Respekt spricht er – auf Basis der eigenen Clan-Erfahrung – kenntnisreich und reif:» Wir lernen von unseren Kunden, unsere Kunden lernen von uns. Das ist ein immerwährendes Wechselspiel.« Das Interview, das ich mit ihm führte, zeigte mir die beeindruckende Einstellung dieses jungen Architekten.

ZETTEL KASTEN

Der Clan der Architekten »archiguards«
Gerd Zehetner über seine Kunden:

Wir betreuen Charakterköpfe, Persönlichkeiten, Spinner. Wir stellen seltsame Fragen. Wir machen aus dem Entwicklungsprozess eines architektonischen Projektes einen Kult. Es ist wie eine Droge: Unsere Kunden kommen immer wieder, denn sie fasziniert der gemeinsame Prozess, etwas zu entwickeln, entstehen zu lassen. Wir bauen aus den Ideen ihre Bühnen, auf denen im Alltag dann das Spiel dieser Charakterköpfe zur Aufführung gelangt.

Kunden gehören zum Stammbaum. Diesen Stammbaum kultivieren wir durch Feste und durch unser Verhalten. Wir geben von uns selbst alles preis. Und erhalten im Gegenzug für diese Offenheit von unseren Kunden jede Menge verbaler und nonverbaler Hinweise auf deren Wünsche und Bedürfnisse. Daraus entwickeln wir ein Konzept, das jede Menge Details enthält. So entsteht ein ganz individualisiertes Konzept. Der Kunde empfindet uns immer weniger als Architekten, sondern als seine Lebensbegleiter.

Für neue Aufträge ist die Mundpropaganda wichtig. Neukunden werden von unseren Stammkunden vorgewarnt.

 Das Zauberwort des Gelingens ist Respekt. Wir haben festgestellt, dass der Entwicklungsprozess mit Frauen leichter vonstatten geht als mit Männern. Männer sind spröde und machen sich für die Neuerungen

nicht so rasch auf wie Frauen. Frauen delegieren viel rascher, lassen es zu, Aufgaben an die Kompetenteren zu delegieren, haben mehr Vertrauen. Frauen reden direkt über ihre Wünsche und Bedürfnisse, Männer reden durch Masken.

Manchmal müssen wir einen Auftraggeber ablehnen: Wir arbeiten lange zusammen, daher wollen wir vermeiden, dass das Jahr, das wir gemeinsam verbringen, für einen der beiden oder auch für beide Seiten kein positives ist. Wenn das gemeinsame Verständnis fehlt, z.B. der gegenseitige Respekt, dann ziehen wir uns lieber zurück. Wir wollen eine Arbeit auf gleichberechtigter Ebene erbringen.

Wir haben auch von Kunden, deren Objekte schon lange fertig gestellt sind, noch immer die Schlüssel. Wir werden als Helfer verstanden. Wenn ein Kunde uns nach drei Jahren anruft und bittet, ihm beim Aufhängen eines neuen Bildes zu helfen, dann tun wir das sehr gerne. Das ist Kundennähe in Reinkultur.

Regelmäßig veranstalten wir Events und Feste und vernetzen uns mit unseren Kunden und diese sich untereinander. Diese Events haben für alle Kultcharakter und sind ebenfalls Inszenierungen von Menschen und Raum.

Zehetner und seine »archiguards« zeigen uns also, wie ein Clan gedeihen kann: Geben und Nehmen, anno 2005.

Aus gänzlich anderen Zusammenhängen haben Anthropologen und Soziologen schon viel früher Beiträge zu diesem Thema geliefert. Ein Klassiker ist Bronislaw Malinowskis Beschreibung des Kula-Systems unter den Clans der Trobriand-Inseln in Papua-Neuguinea: das Kula ist ein rituelles Tausch- und Prestigeobjekt ohne unmittelbaren Nutzen für den, der es bekommt. Wer es erhält, ist verpflichtet, innerhalb eines bestimmten Zeitraumes dem Gebenden etwas ähnlich Nutzloses zurückzugeben. Ziel dieses – nicht profitorientierten – Austauschhandels ist es, die sozialen Bande zwischen den Inseln zu verstärken.

Wie sich das Kula vom Gimwali unterscheidet

Die Grundregel des eigentlichen Tausches besteht darin, dass das Kula aus dem Überreichen einer zeremoniellen Gabe besteht, die nach einer gewissen Zeit mit einer äquivalenten Gegengabe zu vergelten ist – sei es nach einigen Stunden, sei es auch nach einigen Minuten; manchmal allerdings kann zwischen der einen und der anderen Gabe auch ein Jahr oder mehr verstreichen. Niemals aber kann von Hand zu Hand getauscht werden, niemals wird die Äquivalenz der beiden Gegenstände diskutiert, es wird nicht um sie gefeilscht, und sie wird nicht errechnet. Der Anstand wird bei der Kula-Transaktion streng gewahrt und hoch bewertet. Die Eingeborenen grenzen sie vom Tauschhandel scharf ab, den sie ausgiebig betreiben, von dem sie eine klare Vorstellung haben und für den sie einen feststehenden Begriff besitzen – auf Kiriwinisch: gimwali. Wollen sie eine fehlerhafte, zu hastige oder unschickliche Handlungsweise beim Kula kritisieren, so sagen sie oft: »Er treibt sein Kula, als wäre es ein Gimwali.«

(Bronislaw Malinowski, Argonauten des westlichen Pazifik, Verlag Dietmar Klotz, Eschborn 2001)

Geben und Nehmen – das betrifft nicht nur Materielles. Auch unsere ideellen Werte sind in diesem Tauschsystem mit eingebunden. Wir geben eben nicht nur Geld und erhalten dafür Ware. Viel häufiger noch geht es um immaterielle Gaben: Wir »geben Zeit« oder »schenken Vertrauen«. Und tun das in aller Regel natürlich auch, weil wir mit einer Erwiderung rechnen können, mit einer Gegengabe. Weil wir hoffen, dereinst etwas nehmen zu können.

Ein schönes Beispiel für dieses immaterielle Geben liefert ein schwedisches Familienunternehmen, die Bonnier-Gruppe. Der Clan-Konzern, gegründet 1804, zwischenzeitlich auch an

Industrieunternehmen beteiligt, ist heute längst wieder exklusiv im Mediengeschäft engagiert. In 20 Ländern ist man mit 200 Gesellschaften und 11.000 Mitarbeitern tätig, in Deutschland unter anderem mit den Ullstein Buchverlagen, zu denen auch der Econ Verlag gehört, in dem dieses Buch erscheint. 2003 wurde Bonnier mit dem international begehrten »Family Business Award« des »Family Business Networks« in Lausanne als bestes Familienunternehmen ausgezeichnet. Neun von insgesamt 75 familienangehörigen Eigentümern arbeiten aktiv in der Gruppe mit.

Familienmitglieder, die ins Management des Konzerns einziehen wollen, müssen sich zuvor durch eine erstklassige Ausbildung und herausragende Leistungen qualifizieren. Der wichtigste Wert aber, so betonen Familienmitglieder bei öffentlichen Auftritten und diverse Unternehmensbroschüren gleichlautend, sei die Meinungsfreiheit, die man als Verleger garantieren wolle.

Eine kleine Probe aufs Exempel gefällig? Wie verhalten sich die schwedischen Verleger diesbezüglich in der Praxis? Schaffen sie es, die Balance zwischen Geben und Nehmen auch bei einem so heiklen Thema zu halten? Konkret: Geben sie den Journalisten jene Freiheiten, die diese zum Ausüben ihres Berufes brauchen?

Auch in diesem Fall beginnt die Antwort mit ein paar Fragen: »Was soll man mehr bewundern?«, leitete die *Frankfurter Allgemeine Zeitung* im Sommer 2005 eine Geschichte über das belastete Verhältnis zwischen Verlegerfamilie und Redaktion ein: »Den angesehenen Autor, der unter Schmerzen abrechnet mit der Zeitung, die er liebt? Den Chefredakteur, der diese Generalabrechnung mit seinem Verleger druckt? Oder die Verlegerfamilie, die ihrem Flaggschiff so viel Freiraum gibt, dass sie dort lesen muss, ebendem Verleger ermangele es an Profil und Leidenschaft, er lasse seine Zeitung ausbluten?«

Eine kritische Situation für einen Verleger: Ein namhafter Autor greift ihn frontal an – wohl auch um ihn zu provozieren, um zu testen, ob das Bekenntnis zur Meinungsfreiheit auch im Ernstfall gültig bleibt.

Was taten die Bonniers? Sie reagierten, so attestierte ihnen der Kollege von der *FAZ*, »bislang diskret« und »gemäß ihrer Tradition von Liberalität«, nämlich so gut wie gar nicht. Dies ist, wie aktenkundige Vergleichsfälle mit anderem Ausgang dutzendfach belegen, jedenfalls ungewöhnlich. Und obendrein ist es ein Indiz dafür, dass die Bonniers den Wert ihres Clans sehr wohl zu schätzen wissen: Geben ist mitunter wirklich seliger denn Nehmen. Gerade auch, wenn es um so wertvolle immaterielle Güter wie die Meinungs- und Pressefreiheit geht.

Der Erfolg des Clans, so viel immerhin ist für mich mit all diesen Beispielen belegt, besteht nicht ausschließlich in der Gewinnmaximierung. Erfolgreich ist der Clan-Unternehmer, der Clan-Chef, das Clan-Mitglied auch dann, wenn der eigenen Lebensmaxime zum Durchbruch verholfen wurde. Wenn die eigene Wertewelt konsequent in der Praxis gelebt wird. Wenn man Ziele erreicht, die man sich selbst vorgegeben hat.

Erfolge bemessen sich nämlich auch im Kleinen: Sie sind als Clan erfolgreich, wenn Sie es geschafft haben, ein tragfähiges Netz aufzubauen. Wenn Sie wissen, dass Sie auf Ihre Familie, auf Ihre Freunde, auf die Mitglieder Ihres Clans bedingungslos setzen können. Wenn Sie spüren, dass Sie sich Rückhalt geschaffen haben.

Erfolg hat nichts mit Größe zu tun. Auch Erfolge im Kleinen sind mitunter große Erfolge.

Erfolg im Clan heißt nicht: um jeden Preis wachsen. Noch schneller, noch weiter, noch höher. Rendite, Rendite, Rendite.

Erfolg im Clan heißt: stimmig sein. Authentisch sein. Das Beste geben.

Essen muss jeder

Wir haben uns dafür entschieden, mittags gemeinsam zu essen. Die Regel- mäßigkeit und das Kommu-
nikationspotenzial dieses Events werden von allen
Clan-Mitgliedern geschätzt. An »normalen« Tagen
essen wir auf zwei Gruppen verteilt. Einmal im Monat
zelebrieren wir diese Mahlzeit alle gemeinsam und
lassen uns dabei immer von einem anderen Clan-
Mitglied bekochen.

Der Vorteil für uns alle liegt auf der Hand: Der
Mittagstermin ist eine Gele- genheit, Informa-
tionsflüsse und Arbeitsabläufe zu koordinieren.
Obendrein ist er für die Integration neuer Mitarbeiter
förderlich. Im Gegenzug ist das Es- sen für die Clan-
Mitglieder gratis: Die Firma zahlt.

Was in anderen Unternehmen dem Controller der
Kosten wegen ein Dorn im Auge wäre, wird bei uns
eindeutig als Erfolgsfaktor verbucht. Die Sache lohnt
sich für alle – für die Mitarbeiter und das Unternehmen. Auch wenn sie nicht unmittelbar zur Gewinnmaximierung beiträgt.

Ganz andere Beispiele für den Erfolg eines Unternehmens hat
das »Institut für Familienunternehmen« an der Privatuniver-
sität Witten/Herdecke gesammelt. Für eine Studie über die
»Erfolgsmuster von Mehrgenerationen-Familienunternehmen«
wurden zehn deutsche Unternehmen – darunter Dr. Oetker,
Haniel, C&A und Merck – untersucht, die zusammen 43 Milliarden Euro Umsatz machen, 170.000 Mitarbeiter beschäftigen
und in Summe 1.400 Jahre deutsche Wirtschaftsgeschichte repräsentieren. Allesamt »alt, aber oho«, wie das Wirtschaftsma-
gazin *brand eins* (3/2005) schreibt.

Als einen der wichtigsten Erfolgsfaktoren filterten die Autoren der Studie die so genannte »Family Governance« heraus:
»Die Beziehung zu Gesellschaftern und Familienmitgliedern

wird professionell gemanagt, und zwar umso intensiver, je größer der Gesellschafterkreis ist und je entfernter die Clan-Mitglieder von der Unternehmensleitung sind.«

Alt, aber oho

Zu den Erfolgsmustern der »Alten und Erfolgreichen« gehört es auch, sich von Gewohntem zu verabschieden. So verkaufte die Linde AG im vergangenen Jahr die Kältetechnik, also jenen Bereich, aus dem das Unternehmen überhaupt entstand. (…) Mindestens ebenso entscheidend wie die **Balance** der unterschiedlichen Geschäftsbereiche scheint auch die Balance zwischen Unternehmen, Eigentümern und Familie. »In der Synchronisation dieser sehr verschiedenen Systeme liegt die Sprengkraft langlebiger Familienunternehmen, aber auch ihr Wettbewerbsvorteil gegenüber börsennotierten Publikumsgesellschaften«, sagt Torsten Groth von der Universität Witten/Herdecke.

Seine Studie identifiziert neben anderen folgende Tugenden der Betagten:

- Führungskräfte werden weniger nach ihren Performance-Versprechen ausgewählt als danach, ob sie zur Firma passen.

- Der Shareholder-Value-Ansatz wird auf den Kopf gestellt, indem Unternehmensinteressen immer Vorrang haben vor Gesellschafterinteressen: »Sobald Gesellschafter eine mindestens durchschnittliche Kapitalmarktrendite regelmäßig erwarten und auch davon ausgehen, dass sie ausgeschüttet wird, wird es problematisch.«

- »Luxuriöser Lebensstil, insbesondere von jüngeren Familienmitgliedern, wird nicht geduldet.« In einem der untersuchten Unternehmen dürfen Clan-Mitglieder während ihrer Ausbildung nur Wagen der Polo-Klasse fahren.

- Die Ausschüttung von Gewinnen orientiert sich am Ziel einer hohen Eigenkapitalquote, die die Unabhängigkeit von Banken gewährleistet.

- Langfristiges, organisches Wachstum hat Vorrang vor Firmenzukäufen und Fusionen.

- Internationalisierung ist selbstverständlich. Dabei wird gern auf Kooperationspartner und Joint Ventures gesetzt.

- »Family Relations statt Investor Relations«: Die Beziehung zu Gesellschaftern und Familienmitgliedern wird professionell gemanagt, und zwar umso intensiver, je größer der Gesellschafterkreis ist und je entfernter die Clan-Mitglieder von der Unternehmensleitung sind.

Torsten Groth: »Familiengeführte Unternehmen, und das sind die meisten ›alten‹ Unternehmen, zeigen gerade wegen – und nicht trotz – ihrer Ausrichtung auf Langfristigkeit eine bessere ökonomische Performance als die großen Aktiengesellschaften. Das haben viele internationale Studien in den vergangenen Jahren gezeigt.«

(Stefan Scheytt, in: brand eins 3/2005)

Brot und Spiele:
Über Geschenke, Feste und Rituale,
über Lob und Tadel.

Erfolg alleine ist zu wenig. Es wird Ihnen auf Dauer einfach nicht genug sein, dass Sie dieses und jenes geschafft haben. Es wird Sie nicht glücklich machen, wenn Sie erfolgreich, aber sonst nicht »rund« sind. Zum Glück gehört mehr als nur der Erfolg in der Arbeit. Zum Glück gehört immer auch der private Teil des Lebens – wenn es Ihnen hier wie dort gut geht, dann kommen Sie dem Gefühl von Zufriedenheit vermutlich schon sehr nahe.

Gehen Sie ruhig davon aus, dass andere Menschen das ähnlich empfinden. Die Menschen zum Beispiel, die zu Ihrem Clan zählen. Die wollen – genauso wie Sie – nicht immer nur gute Arbeit leisten. Die wollen – genauso wie Sie – auch zufrieden sein. Die wollen also gelobt werden. Die wollen gefeiert werden. Die wollen es sich auch mal gut gehen lassen. Die wollen gut aussehen. Die wollen schöne Kleider tragen. Die wollen wissen, woran sie mit Ihnen sind. Sie wollen also die Spielregeln kennen, die im Clan gelten. Sie wollen auch über ungeschriebene Gesetze informiert sein. Und sie wollen schließlich in ihrer Gesamtheit ernst genommen werden: als Charakter, als Mensch, als Persönlichkeit.

Den Menschen geht es also genauso, wie es Ihnen geht. Und deshalb müssen Sie im Clan nach Kräften dafür sorgen, dass die Bedingungen stimmen. Dass all den Anforderungen auch ein angemessener Wert gegenübersteht. Dass die harten Faktoren von weichen ergänzt werden. Dass erst gearbeitet, aber rechtzeitig auch gefeiert, geschenkt und gelobt wird.

ZETTEL  KASTEN

Feste feiern

Vor Jahrhunderten bestand das Leben in den meisten Kulturen aus nichts als Arbeit und Routine. Nur zu bestimmten Zeitpunkten im Jahr wurde es von Festen unterbrochen. Während dieser Feierlichkeiten – den *Saturn*alien im antiken Rom, den Frühlingsfesten im

alten Europa, den Potlach-Orgien bei den Chinook-Indianern – ruhte die Arbeit auf Feldern und Märkten. Der ganze Stamm oder die ganze Stadt versammelte sich an einem heiligen, eigens für das Fest reservierten Ort außerhalb. Vorübergehend der Pflichten und der Verantwortlichkeiten entledigt, war es den Menschen erlaubt, ihren Trieben freien Lauf zu lassen. Sie trugen Masken oder Kostüme, die ihnen eine andere Identität gaben und manchmal Figuren aus den großen Mythen ihrer Kultur darstellten. Das Fest selbst war eine ungeheure Befreiung von der Last des Alltagslebens. Das Zeitgefühl der Menschen veränderte sich, sie waren vorübergehend nicht mehr sie selbst. Die Zeit schien stillzustehen. Im Karneval der heutigen Zeit hallt ein Nachklang dieser frühen Feste wider.

Das Fest stellte einen Bruch im täglichen Leben einer Person dar und bot Erfahrungen, die ganz anders waren als die Normalität.

(Robert Greene: Die 24 Gesetze der Verführung, dtv, München 2004)

Feste und Feierlichkeiten eignen sich besonders gut, um die Werte des Clans, seine inneren und äußeren Erscheinungsformen in die Welt hinauszutragen. Vernissagen, Musikabende, Sommer- oder Winterfeste – der Clan sollte nutzen, was immer sich an Gelegenheit zum gemeinsamen Feiern anbietet. Zumal solche Events auch die Chance bieten, das hohe »C« zu üben – die Pflege der Clan Identity.

Diese Identität des Clans, sein Selbstverständnis also, kommt zum Ausdruck in der »C-Trias«, die der harmonischen Form eines gleichseitigen Dreiecks gleicht:

Clan Design

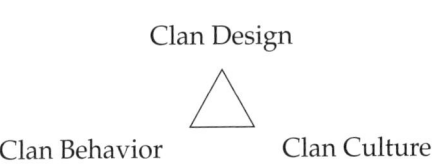

Clan Behavior   Clan Culture

Dieses Dreieck bildet den Rahmen des Clans. Vervollkommnet und gefüllt wird es schließlich durch Clan Hospitality: Bekannt aus dem »corporate life«, aus der Welt der Unternehmen, beschreibt dieser Begriff das Selbstverständnis des Clans, das nicht nur durch ein einheitliches Erscheinungsbild (Design), einen regelgemäßen Umgang der Clan-Mitglieder untereinander

(Behavior) und die unverwechselbare Clan-Kultur zum Ausdruck gebracht wird, sondern obendrein durch ausgeprägte Gastfreundschaft.

Also: Nutzen Sie solche Festlichkeiten, um die Mission Ihres Clans umzusetzen, um den Zielen des Clans näher zu kommen, um der Welt zu zeigen, dass Ihr Clan nicht nur eine eigene Philosophie hat, sondern diese auch lebt.

Ein kleines Beispiel gefällig? Zu Ihrem Clan Behavior sollen Fröhlichkeit und Lächeln gehören? Dann müssen Sie erstens dafür sorgen, dass eben dies aus dem Innersten Ihres Clans kommen kann. Dass die Mitglieder Ihres Clans also Grund haben, fröhlich zu sein und zu lächeln. Und zweitens müssen Sie ihnen Gelegenheit geben, dies auch zu zeigen. Zum Beispiel bei einem Fest. Ein Fest eignet sich gut zum Lachen, zum Strahlen. Bei einem Fest können Sie Ihr Gegenüber gut mit solch kleinen Geschenken – ja, wer fröhlich ist und lacht, der schenkt – überhäufen.

Von den Clans der Schotten haben wir gelernt, wie wichtig Farben und Design sind. An ihren Tartans – das sind die Karomuster der Schottenröcke – kann man die Zugehörigkeit zum jeweiligen Clan ablesen.

ZETTEL  KASTEN

Clan Design: Der Kilt, der Tartan

Der Kilt (auf Deutsch auch »Schottenrock«) ist ein aus Wolle gewebter, hinten aufwändig gefalteter Wickelrock, der in Schottland hauptsächlich von Männern getragen wird. Traditionell ist der Kilt Männern vorbehalten, Frauen tragen dagegen die so genannten kilted Skirts, das sind kiltähnliche Röcke, die auch länger oder kürzer sein können als echte Kilts.

Typisch für Kilts ist das *Karomuster,* der Tartan, durch das man die Familienzugehörigkeit eines jeden Schotten (nicht nur der Adeligen) wie an einem Wappen erkennen kann.

Der Tartan eines schottischen Clans ist eine spezielle Abfolge von Farben bzw. Farbtönen, die nur von den Mitgliedern des Clans getragen werden dürfen. Obwohl ein Tartan damit sichtbar die Zugehörigkeit zu einem Clan ausdrückt, ist es nach schottischem Wappenrecht kein Vergehen, den Tartan eines anderen Clans zu tragen. Allgemein akzeptiert ist das Tragen eines Tartans, wenn man verwandtschaftlich, per Adoption oder auch nur namentlich als dem Clan zugehörig gilt.

Zusätzlich zu Clan-Tartans gibt es Tartans, die den Mitgliedern von Highland-Regimentern von Großbritannien und des Commonwealth vorbehalten sind.

Personen in Verbindung mit dem englischen Königshaus nutzen den Royal Stewart Tartan unabhängig davon, ob sie dem Stewart Clan angehören.

Die Verwendung von Tartans ist allerdings nicht auf Clan-Zugehörigkeit und den militärischen Bereich begrenzt. Es gibt weiterhin Tartans für z.B. Berufsgruppen, Vereine, Städte, Regionen und Organisationen wie Amnesty International.

(de.wikipedia.org)

Nutzen Sie also die Feste Ihres Clans. Zeigen Sie Ihre Farben. Bauen Sie die Clan-Mitglieder in die Vorbereitung der Festlichkeit ein. Sammeln Sie Ideen. Dekorieren Sie. Putzen Sie sich selbst heraus. Tragen Sie die passenden Kleider. Stimmen Sie sich innerhalb des Clans ab. Geben Sie einen Dress Code aus. Machen Sie es wie die Kinder: Wenn die aus ihrem Geburtstag eine Superhelden-Party machen können, dann dürfen Sie das auch ...

Im Ideenfinden, im Planen ist so ein Fest auch ein Beitrag zur Stärkung Ihres Teams. Lagern Sie daher nur jene Vorbereitungen für Ihr Fest aus, die Sie hausintern wirklich nicht schaffen.

Denken Sie an die Feste Ihrer Kindheit: Vorfreude ist immer die schönste Freude.

Achten Sie aber auch auf die Fettnäpfchen. Jede Kultur hat ihre Feste, aber nicht überall feiert man gleich. Erkundigen Sie sich eingehend, was angebracht ist: Bei einem »europäischen Event« der »Normalklasse« kommen Sie ohne Extravaganzen aus, wenn nicht gerade »Black Tie« auf der Einladung steht. In der arabischen Welt wiederum kann das ganz anders sein. Als Frau musste ich lernen, dass dort eine schlichte Hochsteckfrisur mitunter zu wenig ist, dass kunstvolle Lockentürme ebenso erwartet werden wie schwarzer Kajal zur Verzierung der Augen. Ausgerechnet die Glitzersteinchen der österreichischen Kristall-Dynastie Swarovski stehen als Haarschmuck dort hoch im Kurs.

ZETTEL KASTEN

Swarovski: Ein Fest als Geschenk

Die Entstehungsgeschichte der Swarovski Kristallwelten liest sich wie ein Märchen im Buch des Eventmarketings: Anlässlich des 100-jährigen Gründungsjubiläums sollte ein Fest für Mitarbeiter und Eigentümer, die Familie Swarovski, gefeiert werden – magisch inszeniert von André Heller.

Dieser schlug eine Installation von bleibendem Wert vor: *Der Riese von Wattens*, Hüter funkelnder Schätze aus der Hand namhafter internationaler Künstler, dessen Bild heute international wiedererkannt wird, erblickte das Licht der Welt.

Dank der Einzigartigkeit der kristallenen Wunderwerke und eines auf Tourismus ausgerichteten Marketingkonzepts wurden die Swarovski Kristallwelten schon kurz nach ihrer Eröffnung zu einer der meistbesuchten Sehenswürdigkeiten Österreichs.

Mit einem Beschäftigungsstand von 90 Mitarbeitern sind die Swarovski Kristallwelten längst ein Wirtschaftsfaktor in der Region. Durch gezieltes Tourismusmarketing haben sie sich zu einem international wirksamen Anziehungspunkt entwickelt.

(www.swarovski.com)

Mein langjähriges Pendeln zwischen Dubai und Wien hat meinem Clan eine arabische Note eingebracht: Wir Frauen aus dem Heller-Clan tragen bei Festen gerne schwarze Kleider und schmücken uns mit den Seidenschals, die wir von unseren Geschäftsreisen aus Dubai mitgebracht haben. Jede von uns sucht sich selbst den passenden Schal; als Clan-Schals erkennbar sind die bunten und recht individuellen Stücke meist nur aufgrund der einheitlichen Webstruktur.

Längst haben wir auch den Geschenkwert dieser Schals erkannt: Sie sind nicht nur wunderschön, sondern werden von den Beschenkten auch eindeutig mit unserem Clan identifiziert.

Dass Schenken strikten Regeln unterliegt, zeigt ein Blick in die Werke der Ethnologen und Anthropologen. Einen heiklen Aspekt des Schenkens hat Marcel Mauss in seinem Buch »Die Gabe« herausgearbeitet. Er analysiert darin »Die drei Verpflichtungen: Geben, Nehmen, Erwidern«. Und zeigt dabei, dass Geschenke auch als Demütigung gemeint sein oder so verstanden werden können.

ZETTEL  KASTEN

Den Reichtum durch Geschenke verteilen

Ein Häuptling muss Potlatschs geben für sich selbst, für seinen Sohn, seinen Schwiegersohn oder seine Tochter sowie für die Toten. Er kann seine Autorität über den Stamm, über sein Dorf, ja über seine Familie, seinen Rang unter den Häuptlingen innerhalb und außerhalb seiner Nation nur dann aufrechterhalten, wenn er beweisen kann, dass er von den Geistern begünstigt wird, dass er

139

Glück und Reichtum besitzt und von diesem besessen ist. Und seinen Reichtum kann er nur dadurch beweisen, dass er ihn ausgibt, verteilt und damit die anderen demütigt, sie »in den Schatten seines Namens« stellt.

(Marcel Mauss: Die Gabe, © Suhrkamp Verlag, Frankfurt am Main 1968)

Egal, ob es die von Marcel Mauss beschriebenen Indianer oder uns Heutige betrifft: Beziehungen unter Menschen müssen gepflegt werden wie Leder. Sie müssen geölt werden wie ein Getriebe. Sie brauchen Zeit und Zuwendung. Und eben manchmal auch ein Geschenk.

Menschen zu beschenken, die schon vieles haben, ist nicht nur ein kreativer Akt. Es erfordert auch Spürsinn, braucht manchmal viel Zeit und detektivische Fähigkeiten. Registrieren Sie daher schon frühzeitig die Neigungen und kleinen Schwächen Ihres Gegenübers. Woran könnte er oder sie Freude haben? Wann beginnen die Augen zu glitzern? Es soll ja nicht unbedingt ein großes, aber jedenfalls das richtige Geschenk sein.

Ich notiere in einem kleinen Buch sorgsam »die geheimen Wünsche« meiner Geschäftspartner, soweit ich sie erkenne. Manchmal schon konnte ich auf Basis dieser Notizen wirklich punkten. Oft aber habe ich mich richtig gehend gequält auf der Suche nach dem idealen Präsent. Vor allem dann, wenn es wirklich notwendig war, jemanden zu beschenken.

Im arabischen Raum sind Geschenke noch viel mehr als ein reiner Akt der Höflichkeit. Bei einer Vertragsunterzeichnung – die dort oft schon bei der kleinsten Vereinbarung zu einem Staatsakt gerät – sind sie gar nicht wegzudenken. So weit, so einfach. Aber wie beschenken Sie einen Scheich? Einen Mann, der wirklich alles hat. Einen Mann wie Sheikh Faisal Bin Khalid Al Qasimi.

Es sei hiermit verraten: Die österreichische Post hat mir geholfen.

Beim Frühstück, drei Tage vor meinem Abflug nach Dubai, schilderte ich meiner Freundin Viktoria Kickinger die Not, in die mich die bevorstehende Vertragsunterzeichnung gebracht hatte. Ich hatte versucht, eine passende Kleinigkeit aus einem Antiquitätenladen zu besorgen. Ich hatte an alle typisch österreichischen Mitbringsel gedacht, diese aber entweder für zu süß oder sonstwie unpassend befunden.

Ob ich ein Foto von dem Mann hätte, fragte Viktoria und hatte, als Generalsekretärin der Österreichischen Post, auch gleich eine nahe liegende Idee. Um eine lange Geschichte kurz zu machen: Einen Tag nach meinem Abflug waren ein paar Bogen Sonder-Briefmarken mit dem Konterfei des Scheichs gedruckt. Ein freundlicher Mitarbeiter bei den Emirates Airlines nahm das Kuvert in sein Handgepäck und ließ es so pünktlich in mein Büro in Dubai bringen, dass ich zwei Stunden später ebenso pünktlich zur Vertragsunterzeichnung fahren konnte.

Dass diese Briefmarke ein geradezu kindliches Strahlen in die Augen des Scheichs gezaubert hat – das war für mich in diesem Fall eine Art Gegengeschenk. Ich habe etwas gegeben. Und dafür viel zurückbekommen.

ZETTEL KASTEN

Über das Erwidern von Geschenken

Die Indianer aus Alaska unterscheiden zwischen den Konsumgegenständen oder Vorräten, die den Kreis der Familienproduktion und -konsumtion nicht verlassen, und den Reichtümern, dem Besitz par excellence, den die Kwakiutl »the rich food« nennen. Dieser umfasst die gemusterten Decken, die *Löffel* aus Horn, die Töpfe und andere zeremonielle Gefäße, die Prunkgewänder usw., alles Gegenstände, deren symbolischer Wert den der Arbeit oder des

Rohstoffs bei weitem übersteigt und die als Einzige in die rituellen Zyklen des tribalen und intertribalen Austauschs Eingang finden können.

Eine ähnliche Unterscheidung ist aber auch in der modernen Gesellschaft noch in Kraft. Wir wissen, dass es bestimmte Arten von Gegenständen gibt, die meist aufgrund ihres nicht unmittelbar nützlichen Charakters besonders geeignet sind, als Geschenke zu dienen. (...) Man braucht wohl kaum darauf hinzuweisen, dass diese Geschenke erwidert werden; auch hier befinden wir uns also mitten in der Reziprozität. In unserer Gesellschaft erweckt alles den Eindruck, als ob bestimmte Güter von geringem Gebrauchswert, denen wir jedoch eine große psychologische, ästhetische oder sinnliche Bedeutung beimessen wie beispielsweise Blumen, Süßigkeiten und »Luxusartikeln«, so betrachtet würden, als müssten sie eher in Form gegenseitiger Geschenke als in der des individuellen Kaufs und Konsums erworben werden.

(Claude Lévi-Strauss: Die elementaren Strukturen der Verwandtschaft, © Suhrkamp Verlag, Frankfurt am Main 1981)

Eines der schönsten – und auch preiswertesten – Geschenke ist das Lob. Eine nicht ganz einfache Sache zwar, wie Jean Cocteau schon bemerkt hat: »Was unsere Epoche kennzeichnet, ist die Angst, für dumm zu gelten, wenn man etwas lobt, und die Gewissheit, für gescheit zu gelten, wenn man etwas tadelt.« Wer stark genug ist, sich solchen Konventionen zu widersetzen, der gewinnt allerdings deutlich an Kraft. Jemanden richtig und angemessen zu loben – das ist eine Kunst, in deren Licht auch der Lobende erstrahlt.

Umgekehrt kann Lob auch schwer danebengehen. Es heißt daher, sensibel – also nicht zu euphorisch und nicht zu nüchtern – damit umzugehen. Wer öffentlich lobt, soll wissen, dass er den Effekt dabei potenziert.

Dass ein Zuviel wirklich Probleme schaffen kann, kann ich aus eigener Erfahrung berichten: Ich bin begeisterungsfähig, manchmal zu begeisterungsfähig. Meine Euphorie und mein

Enthusiasmus machen mich stark, solange ich sie einigermaßen kontrolliere. Im Eifer des Gefechts aber bin ich manchmal nur schwer zu bremsen. Ich war also wirklich echt begeistert, als ein junger Mitarbeiter eines Tages mit einer wirklich tollen Präsentation vor Kunden auf sich aufmerksam machte. In einer darauf folgenden internen Nachbesprechung lobte ich ihn daher in höchsten Tönen – ganz selbstverständlich und ganz unbefangen.

Übersehen hatte ich dabei, dass sein Erfolg noch anderen Vätern beziehungsweise Müttern geschuldet war. Die Vorbereitungen zu seiner Präsentation waren nämlich erfahrenen Kolleginnen zu danken – und ich hatte im Überschwang vergessen, deren Beitrag entsprechend zu würdigen. Sie fühlten sich also von mir zurückgesetzt. Und reagierten entsprechend verhalten auf meine Hymnen. Mein Lob – gut gemeint, aber unbedacht vorgebracht – mündete in einer veritablen Verstimmung.

Also: Formulieren Sie Lob und Anerkennung immer möglichst realistisch. Niemand darf dabei unter die Räder kommen. Und niemand soll über seinen Beitrag hinaus gelobt werden. Undifferenzierte Lobhudelei bringt Ihnen keine Freunde, sondern nur Ärger.

Sie sehen schon: Die Sache ist nicht immer ganz einfach. Einfacher wird sie allerdings, wenn man sich – beim Loben und auch sonst – an ein paar Regeln hält. Ganz so wie das richtige Leben braucht auch der Clan ein Ordnungssystem. Egal, wie Sie es nennen wollen – Gesetze, Codes, Spielregeln sorgen dafür, dass jeder im Clan weiß, woran er ist.

Ganz erstaunt war ich, ausgerechnet bei jenen Menschen ein vorbildlich klares Regelsystem zu finden, die sich dem weithin verpönten Computerspielen verschrieben haben. Ausgerechnet jene Jugendlichen, auf denen Journalisten und Politiker so gerne herumhacken, weil sie stundenlang vor dem Computerschirm verbringen, zeigen uns, wie sich Gesetze im Clan formulieren und durchsetzen lassen.

Die in Clans organisierten Spielgemeinschaften nehmen unter ihrem gemeinsamen Clan-Namen an Turnieren und Wettbewerben teil, die entweder über das Internet oder auf so genannten LAN-Parties ausgetragen werden. Und damit dort alles nach Plan läuft, einigen sie sich vorher auf ein striktes Regelwerk.

ZETTEL ████ KASTEN

Der Clan im Netz

Netzwerk-Spieler spielen (»daddeln«) in so genannten Clans mit- und gegeneinander. Dabei greifen sie auf zwei Modi der Vernetzung zurück: Entweder via Internet oder über lokale, in der Regel für die jeweiligen Veranstaltungen eigens aufzubauende Netzwerke (z.B. auf LAN-Partys).

Rein technisch steht die Abkürzung LAN für »Local Area Network«. Dahinter verbirgt sich ein lokal begrenztes Computer-Netzwerk, das nur einem begrenzten Personenkreis zur Verfügung steht. LAN-Spieler erstellen derartige Netzwerke bei ihren Treffen – den so genannten LAN-Partys, um unterschiedliche Computerspiele mit- bzw. gegeneinander zu spielen.

Im Internet bewegen sich die Spieler in der Regel anonym. Sie begegnen einander lediglich als Spielfiguren mit fiktiven Namen. Diese »virtuelle« Form des Spielens dient oftmals als Training, das »mal eben« ohne großen Koordinationsaufwand vollzogen werden kann.

Auf LAN-Partys kommt es dagegen zu »realen« Kontakten zwischen den Spielern. Hier trifft man sich, pflegt Kontakte, knüpft Freundschaften. Darüber hinaus dienen die Treffen dem Austausch von technischem sowie spielerischem Know-how und der Diskussion über Neuentwicklungen aus den Bereichen Hard- und Software. Das führt dazu, dass der typische Netzwerk-Spieler über ein ausdifferenziertes (Computer-) Wissen verfügt.

Symbole treten in der LAN-Szene spätestens dann in Erscheinung, wenn es um die Präsentation der Clans geht. Oft bestehen Clan-Logos oder Clan-Homepages aus grafischen Elementen einzelner Spiele. Anhand solcher Symbole werden schnell die vom jeweiligen Clan bevorzugten Spiele deutlich. Auf LAN-Partys präsentieren Clans ihre Logos u.a. auf Bannern oder T-Shirts.

Es ist üblich, dass Spieler eines Clans auf LAN-Partys zusammensitzen. Von technischer Seite her wäre das für das gemeinsame Spielen nicht notwendig, da von jedem beliebigen Computer aus, der im lokalen Netzwerk integriert ist, gespielt werden kann. Dem zum Trotz verdeutlichen Clans durch die räumliche Platzierung die Zusammengehörigkeit ihres Teams. Oftmals wird das durch symbolische Markierungen, wie Fahnen oder Banner, verstärkt.

(Daniel Tepe, in: www.jugendszenen.com)

Meist tragen diese Clans recht martialische Namen – »Swiss Wolf Platoon LAN-Clan« oder »Battlefield 1942 Clan« oder »Swiss Patriots Clan«. Oder – nur für Frauen – »Bad Girls Clan« und »fearless.ladies« und »KillaBabes-ET«.

Durchaus befremdlich also. Wer trotzdem einen Blick hinter die Kulissen dieser verschworenen Gemeinschaften wagt, erkennt zuerst einmal die erstaunliche Ernsthaftigkeit, mit der diese Spiele betrieben werden. Zumal der Großteil der hier Spielenden zwischen 13 und 25 Jahre jung ist.

Auf der Homepage der Swiss Patriots, die als Schnittstelle für alle Spieler dieses Computer-Clans dient, habe ich das folgende – eigentlich 23 Paragraphen umfassende – Regelwerk entdeckt:

»§1. Spaß und Zusammenleben: Es sollte jeder Spaß am Spielen haben und sich mit den übrigen Membern gut verstehen können. Bei Meinungsverschiedenheiten wird der Leader beigezogen.«

»§3. Teamplay: Bei uns steht Teamplay und Zusammengehörigkeit im Vordergrund, nicht das Ergebnis des Einzelnen.«

»§5. Reales Leben: Das reale Leben geht immer vor. Bei Inaktivität sollte jedoch ein Grund angegeben werden. (z.B.: Probleme in der Familie usw.)«

»§7. Einhalten der Regeln. Wer die Regeln nicht einhält, mehrfach bricht oder seinen Pflichten gegenüber dem Clan oder den Mitgliedern nicht nachkommt, wird ausgeschlossen. Die letzte Entscheidung hat im Streitfall immer der Clanleader.« (Quelle: www.swisspatriots.ch)

Es ist mir – das gestehe ich hier offen ein – immer wieder eine Freude, wenn ich überrascht werde. Seit Jahren hören und lesen wir, wie schlecht das Computerspielen für unsere Kinder ist. Und nun stoße ich ausgerechnet bei diesen Computer-Clans auf Leitsätze, die eindrucksvoller nicht sein könnten. Jede Eventualität, soweit sie sich als eine Regel formulieren lässt, ist hier erfasst: der Eintritt in den Clan, der Austritt, der Ausschluss, das Verwenden von Hilfsmitteln, die Umgangsformen der Clan-Mitglieder untereinander – ein Clan, wie er im Buche steht.

Nach diesem Muster sollten auch Sie ein klares Regelwerk erstellen. Das kann, muss aber nicht unbedingt festgeschrieben sein, wie bei den Spieler-Clans. Wichtig ist nur, dass all jene, die es betreffen soll, auch davon Kenntnis haben. Wichtig ist also, dass Sie und Ihr Clan wissen, was Sie wollen. Dass Sie wissen, wie Sie das erreichen wollen. Und dass Sie wissen, welche Normen auf dem Weg zu diesem Ziel gelten sollen.

Um nur ein Beispiel zu nennen: Ein wichtiger Teil der Spielregeln, der öffentlichen Umgangsformen sind Anreden und Titel. Ganz besonders ausgeprägt ist das in Österreich. Sie müssen also klären, wie Sie mit diesen Titeln umgehen wollen.

Wie sprechen wir im Heller-Clan einander an? Nun, wir duzen einander nicht grundsätzlich; aber wir sprechen uns auch nicht mit unseren akademischen Titeln an. Wir sind innerhalb des Unternehmens also relativ leger unterwegs. Im internen Schriftverkehr verwenden wir als Kürzel jeweils eine Kombination aus drei Buchstaben – dem ersten des Vornamens und den beiden ersten des Nachnamens.

Während uns akademische Grade im Innenverhältnis also nicht wichtig sind, kommunizieren wir sie nach außen hin aber sehr wohl: Ich achte penibel darauf, dass gerade auch unsere jungen Mitarbeiterinnen mit ihrem akademischen Grad vorgestellt werden. Selbstverständlich drucken wir den auch auf die Visitenkarten.

Auf unseren Karten sind zudem noch unsere Funktionsbeschreibungen vermerkt. Und zwar, weil wir eben viel mit arabischen Geschäftspartnern zu tun haben, in englischer Sprache. Unter uns gesagt: Wir würden das vermutlich auch tun, wenn wir nur deutschsprachige Kunden hätten; »accounting and reporting« klingt nämlich viel besser als »Buchhaltung«.

Klare Regeln haben wir auch, was die Kleidung betrifft: Grundsätzlich hat jeder freie Hand. Wir haben uns aber darauf geeinigt, dass niemand bauch- oder nabelfrei oder in wirklich kurzen Miniröcken auftaucht. Zu Terminen gehen wir im Business-Kostüm oder Anzug. Und bei unseren Events sprechen wir uns vorher ab, wer was trägt.

So weit, so gut. In der Praxis ist ein dynamisches Unternehmen jedoch damit konfrontiert, dass immer wieder neue Mitarbeiter dazukommen. Weil wir denen zum Arbeitsantritt nicht gut ein Gesetzbuch in die Hand drücken können, müssen wir bei passenden Gelegenheiten eben unsere ungeschriebenen Gesetze vermitteln. Wichtig dabei ist natürlich auch die Vorbildfunktion: Wenn ich will, dass sich Mitarbeiter Mühe bei der Auswahl ihrer Arbeitskleidung geben, dann muss auch ich mich Tag für Tag um entsprechende Eleganz bei meinen Kleidern bemühen.

Ein heikles Thema bleibt da noch: Was tun, wenn diese Gesetze übertreten und die Regeln nicht eingehalten werden?

Früher war ich auch diesbezüglich stürmischer. Ich habe

mich gekränkt gezeigt. Habe mit Liebesentzug reagiert. Habe in meinem Verhalten oft recht drastisch klar gemacht, dass ich auf die Einhaltung unserer Regeln bestehe.

HELLER ✦ BELEUCHTET

Umsicht ist die Mutter aller Sanktionen

Stellen Sie sich vor: Sie haben eine kleine Feier im Unternehmen zu planen, eine Mitarbeiterehrung zum Beispiel. Sie und Ihre Kollegen organisieren wie üblich alles bis ins kleinste Detail. Eine Mitarbeiterin wird gebeten, den Abend fotografisch festzuhalten. Sie überlegt sich die Sache und setzt im Intranet eine Mail ans schwarze Brett, wonach sie für diesen Extrajob ein Stundenhonorar von mindestens 60 oder 70 Euro erwartet.

Damit hat sie ein ungeschriebenes Gesetz verletzt: Sie hätte die Sache mit ihrem Vorgesetzen, mit dem Clan-Chef oder der Clan-Chefin besprechen sollen. Ihr öffentlicher Auftritt sorgt nun – unnötig – für Unruhe und schlechte Stimmung unter den Kollegen. Und lässt Ihnen zudem wenig Spielraum: Zahlen Sie, dann wird man sich der Methode erinnern. Indem Sie die Zahlung verweigern, demotivieren Sie die Kollegin und müssen sich eine andere Fotografin suchen, die entweder gratis fotografiert oder ... Sie sehen, eine Kleinigkeit wird kompliziert.

Was tun Sie also? Sie weisen die Kollegin insofern zurecht, als Sie ihr mitteilen, dass solche Dinge am schwarzen Brett nichts verloren haben – und das gilt auch für das elektronische schwarze Brett. Das tun Sie so, dass jeder und jede mitlesen kann und versteht, dass hier ein ungeschriebenes Gesetz verletzt wurde. Die Details besprechen Sie anschließend unter vier Augen.

Heute und Morgen:
Über das Alter und den Nachwuchs,
über Mäzene und Kunst.

Es gibt, wenn man den Archiven trauen darf, wohl kaum ein Thema in den Unternehmen, das stärker mit Emotionen aufgeladen ist als die Frage der Nachfolge. In 300.000 mittelständischen Betrieben in Deutschland steht in den kommenden fünf Jahren ein Wechsel in der Unternehmensführung an, heißt es beispielsweise. Jeder dritte dieser Betriebe werde womöglich stillgelegt, weil es keine tragfähige Nachfolgelösung gibt. Oder: Von 50.000 Schweizer Kleinunternehmen ist in mindestens 10.000 kein adäquater Nachfolgeplan vorbereitet. Oder, um die Österreicher auch noch aufzuschrecken: 52.000 österreichische Betriebe suchen einen Nachfolger – also fast ein Viertel aller kleinen und mittleren Unternehmen. Obendrein zeigen Studien in allen drei Ländern, dass ein großer Teil der Unternehmensübergaben überhaupt ohne wirkliche Planung über die Bühne geht. Oft führen Krankheiten, Unglücksfälle oder andere familiäre Belastungen zu Notsituationen, die eine schnellstmögliche Übergabe erzwingen.

»Clans investieren meist konservativ und sind breit aufgestellt«, lobte etwa die *Süddeutsche Zeitung* in einer Geschichte über »Familienunternehmen und ihre Erfolgsstrategien« (20. Juli 2005). Warnend fügte sie jedoch hinzu: »Konflikte entstehen vor allem bei der Nachfolgeregelung«. Als abschreckendes Beispiel wird dann auf Thomas Manns »Buddenbrooks« verwiesen: Auch das Unternehmen von Konsul Johann Buddenbrook »scheitert letztendlich an familiären Zwistigkeiten. Die Buddenbrooks unterscheiden sich damit von erfolgreichen Clans, die das Wohl ihrer Unternehmungen stets über die Bedürfnisse des Einzelnen stellen.«

Genau darum geht es im Clan: Das Wohl des Einzelnen, das Interesse der kurzfristig denkenden Aktionäre, die Quartalsfixierung eines anonymen Managements – all das muss in den Hintergrund treten, damit der Clan auch weiterhin prosperieren kann. »Wir denken eben nicht in Quartalen, sondern in Generationen«, wird Bernhard Scheuble, der Vorstandschef des 1668 gegründeten Pharmaunternehmens Merck bestätigend zitiert.

ZETTEL KASTEN

Das Erbstück

Der prinzipielle Unterschied liegt in den Kriterien, nach denen ein Unternehmen von seinen Eigentümern beobachtet wird und sie beobachtet«, so der Soziologe Torsten Groth vom Deutsche Bank Institut für Familienunternehmen an der Universität Witten/Herdecke, das sich seit seiner Gründung 1999 konzentriert den Clan-Companies widmet. »Wenn ein Unternehmen unter der Maßgabe ›Wie bringe ich es sicher in die nächste oder übernächste Generation?‹ geführt wird, impliziert das eine ganz andere Perspektive als die einer Aktiengesellschaft, deren Management sich fragen muss: ›Wie kriege ich zum nächsten Quartal möglichst attraktive Zahlen?‹«

(Harald Willenbrock, in: brand eins 2/2004)

Einmal mehr sollten wir uns im Clan daher die Erfahrungen aus den lange bestehenden Familienunternehmen zu Herzen nehmen. Dort sind nicht immer Blutsverwandtschaft und Verschwägerung die Basis für die Nachfolge. Sehr oft muss man auch dort auf familienfremdes Management ausweichen; mitunter entwickeln sich auch ganz neue Clan-Zweige. Am Beispiel des weltberühmten Hotel Sacher in Wien: 1876 von Eduard Sacher gegründet, später von seiner Frau Anna geführt, ging es 1933 nach einem Konkurs in den Besitz der Gastronomenfamilie Siller und der Anwaltsfamilie Gürtler über. Seit den 60er Jahren, nach dem Tod der Sillers, besitzen und führen heute ausschließlich Gürtlers das Haus. Blut mag zwar dicker sein als Wasser – oft aber ist die Passion ein noch stärkeres Bindemittel im Clan.

»Die Nachfolge ist in erster Linie eine psychologische Herausforderung«, bringt es Peter May von der »Intes Beratung für Familienunternehmen« in einem Interview auf den Punkt: »In dieser Hinsicht unterscheidet sich der Clan eines Stahlbarons übrigens in keiner Weise von der Handwerkerfamilie.«

ZETTEL ▪ KASTEN

»Eitelkeiten überwinden«

Professor Peter May, 45, hat selbst für einige Jahre das Unternehmen der Eltern geleitet, ehe er die renommierte Intes Beratung für Familienunternehmen gründete.

Herr Professor May, meistern die großen Dynastien den Generationswechsel besser als kleinere Firmen?

Das lässt sich mit dieser Absolutheit nicht beantworten. Wie professionell die Familie mit der Nachfolge umgeht, hängt von der Persönlichkeit des Unternehmers ab. Allerdings habe ich schon den Eindruck, dass die Großen da tendenziell im Vorteil sind.

Woran liegt das?

Bedenken Sie zum Beispiel den Fall, dass die eigenen Kinder für die direkte Nachfolge zu jung sind. Dann installiert ein Unternehmer wie Versandhauschef Michael Otto bis auf weiteres einen externen Manager. Sein Vater Werner Otto hatte das damals genauso gemacht. Der Chef einer 50-Mann-Firma versucht im Zweifel, selbst lange genug durchzuhalten...

... oder er schubst den Junior viel zu früh ins kalte Wasser ...

... genau, und beide Varianten können für ein Unternehmen verheerend sein. Ein anderes Beispiel ist die Altersversorgung. Bei vielen kleineren Mittelständlern steckt fast das komplette Vermögen in der Firma. Wenn dann die Eltern aus dem Betrieb eine ordentliche Rente beziehen wollen und womöglich noch zwei Geschwister auszuzahlen sind, ist die Firma finanziell rasch überfordert.

Und wenn die Kinder durchaus alt und erfahren genug sind und auch ausreichend Geld da ist?

*Dann haben Sippen wie Henkel oder Haniel immer noch den Vorteil,
dass sie schon eine ganze Reihe von Generationswechseln überstehen
mussten. Dabei haben sie wertvolle Erfahrungen gesammelt. Und Regeln herausgearbeitet, wie sich ein Generationswechsel professionell
bewältigen lässt.*

(www.impulse.de – Online-Special Nachfolge, 29. 9. 2004)

Nun gibt es durchaus ein paar Dinge, auf die man achten kann,
solange es nicht zu spät ist. Dazu gehört sicher der Aufbau einer ausgewogenen Alterspyramide im Clan. Regel Nummer 1:
In keinem Fall ist es gut, wenn der Clan ausschließlich aus jungen oder ausschließlich aus alten Menschen besteht.

Denken Sie an eine ganz alltägliche Geschäftssituation: Wie
wahrscheinlich ist es, dass ein 20-Jähriger und ein 50-Jähriger
auf einer vernünftigen, ausgewogenen Basis Geschäfte miteinander machen können? Allein schon für die angemessene Pflege Ihrer Kundenkontakte wird sich eine ausgewogene Alterspyramide im Clan als vorteilhaft erweisen.

Darüber hinaus ist auch der Ausgleich zwischen dem Erfahrungsschatz der Älteren und dem Modernisierungsdruck, der
eher von den jüngeren Clan-Mitgliedern kommen wird, wichtig: Die Dynamik Ihres Clans braucht beide Gruppen gleichermaßen. Dies gilt noch weit über die tagesaktuelle Arbeit hinaus.
Auch jene Menschen, die nicht mehr aktiv im Geschäft tätig
sind, sollten Sie Ihrem Clan in einer wichtigen Position erhalten: Die Erfahrung, die ein 75-Jähriger einbringen kann, ist für
Sie womöglich Gold wert. Wenn Sie es schaffen, sich auf eine
vernünftige Gesprächsbasis zu einigen, dann werden beide Seiten von einem engen Verhältnis profitieren. Voraussetzung ist
natürlich, dass auch das ältere Clan-Mitglied seine Rolle akzeptiert: Wer nur kommandieren will, wer den Besserwisser und
den Alleskönner spielen will, der wird für den Clan nicht lange
interessant sein.

Ein wichtiges, die Generationen übergreifendes Thema im Clan ist die Kunst: Im Heller-Clan organisieren wir Vernissagen für Künstler, deren Arbeiten dann für eine Weile bei uns in den Besprechungsräumen und in den Büros ausgestellt werden. Zu diesen Vernissagen laden wir Jung und Alt. Und noch immer sind daraus interessante, anregende Abende geworden.

Geld und Größe spielen bei diesem Thema wiederum eine untergeordnete Rolle: Sie können Kunst fördern, indem Sie mit einer Kunstakademie in Verbindung treten und den Studenten Ausstellungsmöglichkeiten vermitteln. Indem Sie mit jungen Künstlern den Kontakt pflegen. Indem Sie Ihre Geschäftspartner auf die Werke solcher Künstler aufmerksam machen. Großes Geld hilft auch hier, keine Frage. Voraussetzung ist es aber nicht.

Mancher Unternehmer hat auf diese Idee später eine eigene Kunstsammlung aufgebaut und darüber auch die unterschiedlichen Generationen eines Clans zusätzlich eingebunden. Es kann dabei also über das Kunst und Kultur fördernde Moment hinaus eines Tages auch um das Schaffen materieller Gemeinsamkeiten gehen: Überlegen Sie, ob Ihr Clan dereinst vielleicht geeignet ist, als Mäzen aufzutreten. Prüfen Sie, ab wann das Fördern bildender Kunst mit Ihren Budgets, vor allem aber auch mit den Unternehmenszielen Ihres Clans zu vereinbaren ist. Als prominentes Beispiel können wir hier den Wiener Unternehmer Karl Heinz Essl anführen, der als Clan-Unternehmer erst mit seiner Baumax-Kette und heute obendrein mit einem eigenen Essl-Museum erfolgreich ist.

ZETTEL  KASTEN

Die Kunstvermittlung im Clan

Die Kunstvermittlung der Sammlung Essl umfasst Angebote für Einzelbesucher und Gruppen aller Altersstufen. Von der Kunstauskunft, der Führung, dem Kunstgespräch bis zu Workshops reicht das Spektrum. Alle Angebote für Erwachsene, Schüler und Kinder dienen einer mündigen und offenen Auseinandersetzung mit Kunst.

Die Sammlung Essl ist von zeitgenössischer Malerei geprägt, daher sind Fragestellungen und Techniken der Malerei im gesellschaftlichen Kontext ein zentrales Thema der Vermittlungsarbeit.

Methodisch bilden Dialoge vor Originalen in Verbindung mit malerischen Erfahrungen im ATELIER einen Schwerpunkt.

Auch Zielgruppen aus der Wirtschaft und dem Kunst- und Kulturbereich bieten wir spezielle Workshops und Weiterbildungsangebote an.

(www.sammlung-essl.at)

Selbst wenn das so offen nicht ausgesprochen wird, es geht doch auch immer um die Frage: Was bleibt? Was können wir unserer Nachwelt hinterlassen? Wie und wodurch können wir den Jüngeren ein Vorbild sein? Wie können wir sie motivieren? Wie können wir ihnen helfen zu wachsen?

Meine Antwort darauf kennen Sie jetzt: nichts ohne unseren Clan. Nur im Clan sind wir stark. Nur mit dem Clan werden wir wachsen. Und im Idealfall sogar alt werden. Im Clan werden vielleicht auch unsere Kinder jene Sicherheiten finden, die sie stark machen. So stark, dass wir ihnen eines Tages mit einem guten Gefühl das weitergeben können, wofür wir gerne gearbeitet und gelebt haben. So stark, dass wir voller Überzeugung in den Refrain eines utopischen Liedtextes einstimmen:

Kinder an die Macht!

Kinder an die Macht!

gebt den kindern das kommando
sie berechnen nicht, was sie tun
die welt gehört in kinderhände
dem trübsinn ein ende
wir werden in grund und boden gelacht
kinder an die macht

(Herbert Grönemeyer)

Die vierte Tür

Zoff! Die Kehrseite der Medaille.

»Die Einheit des Clans ist eine rechtliche Fiktion, inso-
fern sie theoretisch eine absolute Subordinierung aller
anderen Interessen und Bindungen unter die Forderun-
gen der Clan-Solidarität verlangt, während in Wirklich-
keit gegen diese Solidarität beständig gesündigt wird.
Andererseits beherrscht zu gewissen Zeiten, vor allem in
den zeremoniellen Phasen des Eingeborenenlebens, die
Clan-Einheit alles; und in Fällen öffentlicher Meinungs-
verschiedenheiten und Streitigkeiten ist sie stärker als
persönliche Bedenken und Schwächen.«
(Bronislaw Malinowski: Sitte und Verbrechen bei den
Naturvölkern, Baden-Baden, 1949)

Die Konflikte im Clan: Über Kritik und Krise, Angst und Hoffnung.

Der Clan kennt alles, was das richtige Leben auch sonst bereit-
hält: Neid, Feinde, Manipulation. Ärger, Zorn, Zoff. Kritik und
Krise. Angst. Aber eben auch Hoffnung. Weil Sie all das ohnehin erwartet haben, werde ich mich hier besonders kurz halten.

Mit ein paar Hinweisen nur will ich Sie vorbereiten – vielleicht finden Sie darunter ja die eine oder andere Anregung, die Ihr Clan-Leben leichter macht.

Nun, denn: Nicht immer läuft alles im Clan zum Besten. Wenn Erwartungen in den Wandel gesetzt werden, wenn neue Ziele erreicht werden sollen und Veränderung angesagt ist, dann geht es manchen eben viel zu langsam, während den anderen das neue Tempo zu schaffen macht. Unruhe entsteht. Tratsch ist kaum zu vermeiden. Unsicherheit führt zu absurden Spekulationen.

Auch wenn die interne Kommunikation in solchen Situationen ein wichtiges Hilfsmittel ist, oft spielt der Bauch dabei nicht mit. Denn das, was uns emotional bewegt, Unsicherheit, Furcht vor dem Neuen, Beklemmung und Versagensängste – all das lässt sich nicht einfach wegdiskutieren. Da gehören Einfühlungsvermögen, Mut, eine positive Einstellung und Toleranz dazu. Und selbst das bringt uns oft nicht weiter.

Der Clan-Chef will Veränderungen anstoßen, ist dabei womöglich selbst noch ein bisschen unsicher. Er oder sie will in neue Sphären vordringen, eine neue Vision verfolgen, den Clan weiterentwickeln. Solche Zeiten des Umbruchs gehen selten ohne Schmerzen ab, denn nicht nur das Team leidet, auch dem Clan-Chef macht die neue Last zu schaffen. »Gelebtes Changemanagement« werden solche Prozesse im Slang der Unternehmensberater heute euphemistisch genannt.

Unruhe macht sich breit. Wieso brauchen wir diese Veränderung? Worte des Widerstands sind zu hören. Ablehnung wird formuliert. Da bin ich nicht dabei! Ohne mich! Nachdem der erste Schock überwunden ist, setzt oft eine rationalere Akzeptanzphase ein. Man versucht es, experimentiert, fällt auf die Nase. Rückschläge tun weh. Sie behindern den Clan in der Entwicklung. Wir haben es ja probiert, heißt es bald, aber es lässt sich beim besten Willen nicht umsetzen.

Jetzt sind wir am entscheidenden Punkt: Wenn es Ihnen gelingt, den Clan nicht nur rational, sondern vor allem auch auf der Gefühlsebene zu überzeugen, wenn emotionale Akzeptanz erreicht wird, dann führt diese zu wieder neuen Versuchen und zu einem noch ernsthafteren Anstreben der Visionen.

Emotionale Akzeptanz: Das ist das Schlüsselwort in diesem Zusammenhang und einer der Lieblingsbegriffe von Brigitte Ziemendorf. Sie berät Unternehmen und ist auf deren Veränderungsprozesse spezialisiert; als Netzwerkpartnerin hilft sie dem Heller-Clan in diffizilen Situationen weiter. Sie hat in ihrer langjährigen Beratungspraxis erfahren, dass Konflikte nicht gelöst werden können, wenn der Wandel emotional noch nicht nachvollzogen und angenommen wurde.

Ein kleiner Trick aus ihrer Schatzkiste: Wirtschaftliche Argumente für einen Veränderungsprozess können mit der »brennenden Plattform« inszeniert werden: Erst wenn der Steg, auf dem wir alle stehen, Feuer gefangen hat, erst wenn die Flammen lodern, erst dann wagen die Clan-Mitglieder den Sprung ins kalte Wasser.

Während und nach dem Sprung sind Klarheit und Kommunikation sowie das Einbinden der Beteiligten die wichtigsten Erfolgsfaktoren. Was die emotionale Akzeptanz betrifft, sagt Ziemendorf: »Strategische Führungskompetenz ist der Schlüssel bei solchen Veränderungsprozessen. Erforderlich sind Mut und Konsequenz, damit emotionale Blockaden und Widerstände zeitnah und aktiv aufgearbeitet werden. Auch hierfür gilt die Kommunikationsregel: Wer fragt, der führt und steuert!«

Also: Gerade in Zeiten des Wandels bedarf das Führen eines sensiblen Zugangs zu den Menschen. Zuerst müssen Sie deren Bauch überzeugen, dann wird der Kopf schon nachziehen.

Unser Huggels

Eine wichtige Rolle in potenziellen Konfliktsituationen nimmt unser Huggels ein. Das ist ein kleiner brauner Stoffbär, der bei unseren internen Meetings am Kopfende des Besprechungstisches sitzt. Er hat die Funktion des Katalysators, indem er direkt und ohne Umschweife seine Unzufriedenheit mit dem Projektfortschritt ausspricht. Er tadelt und lobt, gibt Ratschläge und Tipps. Ihm nehmen es die Clanmitglieder nicht übel, wenn er gelegentlich ein wenig grimmig ist. Dadurch kommen wir ja schneller auf den Punkt.

Unser treuherzig blickendes Bärchen steht für jeden im Raum zur Verfügung: Wer Kritik oder Unzufriedenheit weniger verletzend formulieren will, spricht durch Huggels. Wer etwas anregen, aber den Ärger nicht auf seine eigene Person konzentrieren will, überlässt Huggels den schwierigen Part. Er oder sie selbst borgt dem Bären nur die Stimme. So können Lob oder Mahnungen auf der Gefühlsebene leichter angenomen werden. Schließlich ist Huggels ja ein wirklich süßer Kerl.

Wie Huggels zu uns kam? Diese Geschichte ist mittlerweile Teil der Clanlegende: Nico, der damals siebenjährige Sohn meines Geschäftspartners Daniel Nufer, brachte den Brummbären ins Spiel. Beim Erlernen der englischen und der arabischen Sprache in seiner Schule in Dubai wurde den Kindern empfohlen, ein Kuscheltier für die virtuelle Kommunikation auszuwählen. Nico entschied sich für den kleinen braunen Bären und nannte ihn Huggels. Der kann ihm alles sagen – Positives und Negatives. Von Huggels kann Nico alles annehmen.

Und jetzt hilft Huggels eben uns: Das Verbalisieren von Unzufriedenheiten und Kritik an einen Dritten zu delegieren, dem man nicht böse sein kann – das trägt bei uns zur emotionalen Akzeptanz in Veränderungsprozessen bei.

Die Wertewelt im Clan ist eine gute Richtschnur, wenn es einmal kriselt. Die Ursachen für Konflikte im inneren Kreis des Clans und auch an deren Peripherie können vielfältig sein: Missverständnisse in Folge unklarer Kommunikation, Kränkungen, verletzte Gefühle, enttäuschte Vorstellungen, aber auch Neid, Ablehnung, Hass.

Nach meiner Beobachtung haben allerdings viele dieser Konflikte ihren Ursprung in der Angst. Daher die Grundmaxime meines Clans: keine Angst!

Angst ist uns allen vertraut. Wir leben mit ihr. Angst beherrscht uns mitunter, beschränkt unseren Handlungsspielraum. Ist es da verwunderlich, dass wir Angstfreiheit als einen anzustrebenden Idealzustand verstehen? Da wir als stark, souverän, unverletzlich gelten wollen, versuchen wir, dieses bedrohliche Gefühl zu verhüllen: Wir sind gestresst, irritiert, angespannt, nervös, gereizt. Nur die Angst nicht zeigen – das ist nicht cool, das ist gegen den Zeitgeist.

Eine leise, leichte Furcht kann positiven Stress erzeugen und durchaus die Konzentration erhöhen. Wenn sie jedoch in Angst umschlägt und sich verselbstständigt, führt sie zu Blockaden, zum Verlust von Sicherheit, Selbstvertrauen und Kontrolle. Unsere Souveränität gerät ins Wanken. Wir reagieren – mit Gegenwehr.

Wie werden wir mit der Angst fertig? Wenn wir mit Distanzierung und Rationalisierung reagieren, appellieren wir in einem inneren Dialog an unsere Vernunft und schaffen dadurch Abstand zur Angstquelle. Aber Ratio und Gefühl lassen sich nicht immer miteinander verlinken. Solcherart rationalisierte Angst kann immer wieder kommen.

Projektion ist ebenfalls eine beliebte Abwehrstrategie: Wir suchen eine externe Ursache unserer Angst und projizieren sie auf einen anderen Menschen, von dem wir annehmen, er wolle uns Schlechtes.

Auch die Abwertung des anderen ist eine oft gebrauchte Methode: Wir fürchten Kritik, halten sie für vernichtend, ruinös, beschämend. Daher der Schritt nach vorne: Wir entwerten vorbeugend den potenziellen Kritiker, werfen ihm Inkompetenz, Subjektivität oder Unfähigkeit vor. Wir desavouieren ihn, um seine Glaubwürdigkeit zu untergraben. Solche Abwertung löst beim anderen Gegenwehr aus und führt zur Eskalation.

Was ist nun die Aufgabe jedes Clan-Mitglieds? Es lohnt sich, den Mechanismus der Herabwürdigung zu durchschauen und herauszufinden, worauf die eigenen Diffamierungsstrategien beruhen. Wenn nämlich die Angst unreflektiert bleibt, brechen sich negative und zerstörerische Energien Bahn. Setzt man sich mit der Angst jedoch auseinander, besteht immer auch die Chance, sie in positive Dynamik umzuwandeln.

Dieser Energietauscheffekt funktioniert, weil im Gefühl der Angst noch andere Gefühle mitschwingen. Mut und Zuversicht zum Beispiel. Und die Hoffnung, hat der Philosoph Ernst Bloch dazu bemerkt, ersäuft die Angst.

Dem Clan kommt hier eine wichtige Bedeutung zu. Durch ihn können die Kräfte der vielen Einzelnen gebündelt und ganz neue Potenziale freigesetzt werden. Ebenso kann Angst durch die Unerschrockenheit, den Optimismus, das Vertrauen und die Zuwendung der anderen Clan-Mitglieder neutralisiert werden.

Wesentliche Voraussetzung ist die aktive Auseinandersetzung mit der Angst, das Hineinspüren in den Clan, zu jedem Clan-Mitglied und das Orten der Angstquellen.

Also: Lokalisieren Sie die Angst. Sprechen Sie die Ursachen an. Und bewältigen Sie die Situation durch den Mut, durch die Hoffnung, durch den Zusammenhalt im Clan. So steht dem Energietauscheffekt und neuen Kräften nichts mehr im Weg.

Die Theorie macht Mut:
Der Clan Value in der Management-
Literatur.

In den dunklen Stunden des Zweifels hilft Zuspruch mitunter weiter. Wenn Sie also merken, dass sich Ärger und Unzufriedenheit aufstauen, dass Ungläubigkeit und Beharrungskräfte den Clan lähmen könnten, dann nehmen Sie sich Zeit. Und lesen Sie über die Kräfte des Clans.

Stärken Sie sich zum Beispiel bei William G. Ouchi: In seinem Buch über die »Theory Z« hat der kalifornische Management-Professor schon vor 20 Jahren an einem theoretischen Fundament gearbeitet, das im Lichte des Clan Value durchaus wieder an Aktualität gewinnt: Mitarbeiter, so hat Ouchi damals schon behauptet, sind nicht grundsätzlich faule Menschen; wer sie entsprechend fördert und unterstützt, wird mit ihrem großen Einsatz zum Wohle des Unternehmens belohnt werden. Manager, die dies erkannt haben, schrieb Ouchi damals weiter, würden in ihren Unternehmen auf Teamwork setzen und auf Zusammenhalt. Wenn es um Informationen und in der Folge auch um Entscheidungen geht, würden solche Manager ihre Mitarbeiter weitestgehend einbinden.

Formuliert hat Ouchi seine »Z-Theorie« damals aus der Analyse der Erfahrungen mit dem amerikanischen und dem japanischen Managementstil. Die folgenden Charakteristiken hat er dabei als wesentlich erkannt: möglichst langfristige Beschäftigungsverhältnisse; kollektive Entscheidungsprozesse kombiniert mit individueller Verantwortung; implizite und informelle Kontrolle auf der Basis expliziter und formalisierter Kriterien; nicht allzu spezialisierte Karrierewege; dazu ein umfassendes Interesse am Wohlergehen des Mitarbeiters und seiner Familie.

Entwickelt hat er die 1981 erstmals in Buchform veröffent-
lichte »Theory Z« in Abgrenzung zu den vom amerikanischen
Psychologen Douglas McGregor formulierten Theorien X und
Y. Während die Theorie X davon ausgeht, dass der Mensch der
Arbeit grundsätzlich ablehnend gegenübersteht und ihr daher
wo immer möglich aus dem Weg gehen wird, nimmt die Theorie Y das genaue Gegenteil an: Der Mensch versteht die Arbeit
als ebenso natürlichen Bestandteil seines Lebens wie das Spiel
und die Erholung und investiert entsprechend viel Anstrengung und Engagement in sie.

Ouchi hingegen, der in Los Angeles lehrt und schreibt,
grenzt sich von dieser Erkenntnis ab, indem er die Welt der
Unternehmen nicht in Schwarz und Weiß oder eben X und Y
teilt, sondern im Z seinen dritten Weg findet: Er erkennt, dass
Mitarbeiter im Allgemeinen vom Unternehmen verstanden
und entsprechend unterstützt werden wollen. Dass Mitarbeiter es schätzen, wenn in ihrer Arbeitsumgebung familiären und
kulturellen Werten ebenso große Bedeutung beigemessen wird
wie der Arbeitsethik. Dass Mitarbeiter Traditionen und ihre sozialen Institutionen schätzen. Dass sie einen gut entwickelten
Sinn für Ordnung und Disziplin mitbringen. Dass sie sich ihrer moralischen Verpflichtung, gute Arbeit zu leisten, bewusst
sind. Dass sie daran interessiert sind, ein Zusammengehörigkeitsgefühl mit ihren Kollegen zu entwickeln.

Dies mündet in seine Erkenntnis, dass Mitarbeiter durchaus
bereit sind, im Job das Beste zu geben – solange sie davon ausgehen können, dass das Management ihnen vertraut und sich
um ihr Wohlergehen kümmert.

Wenig überraschend ist nun, dass es ausgerechnet der amerikanische Managementtheoretiker William Ouchi war, der zu
Beginn der 80er Jahre erkannt hat, dass Clanstrukturen im Management eines Unternehmens eine fundamentale Rolle spielen können:

In einem längst vergriffenen Aufsatz, der im Jahr 1980 in der amerikanischen Fachzeitschrift *Administrative Science Quarterly* erschienen ist, hat er seine Erkenntnisse über »Markets, Bureaucracies and Clans« niedergelegt.

Auf diese Arbeit von Ouchi stützen sich seither dutzende Studien und Aufsätze über Clans im Wirtschaftsleben. Für Notfälle, in denen Sie Ihr Clan-Fundament durch einschlägige Lektüre stärken wollen, empfehle ich Ihnen drei ganz unterschiedliche Arbeiten:

Der deutsche Soziologe Christoph Deutschmann hat sich dem Clan im Wirtschaftsleben einmal grundsätzlich genähert. Sein Aufsatz »Der Clan als Unternehmensmodell der Zukunft« ist bereits 1989 erschienen (in: *Leviathan* 17/1989) und heute immer noch lesenswert.

Der schwedische Ökonom Mats Alvesson hat sich schon recht frühzeitig einer Gruppe von Unternehmen angenommen, die später der mittlerweile verblichenen »New Economy« zugerechnet wurden: Für sein Buch »Management of Knowledge-Intensive Companies« (Berlin und New York, 1995) hat er ein schwedisches Computer-Consulting-Unternehmen portraitiert und auf seine Clan Values hin überprüft.

Und schließlich zwei griechische Wirtschaftswissenschaftler: Ionna Pepelasis Minoglou und Stavros Ioannides, beide Professoren in Athen, haben 2004 über »Market-Embedded Clans in Theory and History: Greek Diaspora Trading Companies in the Nineteenth Century« geschrieben. Die beiden haben griechische Diaspora-Handelsunternehmen im 19. Jahrhundert untersucht, die deutlich weniger hierarchisch organisiert waren als vergleichbare Unternehmen jener Zeit. Sie portraitieren einen Handels-Clan von der Insel Chios und zeigen, dass dessen Mitglieder außergewöhnlich großen Wert auf Gerechtigkeit, das Formulieren gemeinsamer Ziele und gegenseitiges Verstehen gelegt haben. »All diese Eigenschaften erlauben es den Clan-

Mitgliedern in einer koordinierten Art und Weise, aber mit einem Minimum an bürokratischer Kontrolle zu handeln.«

Nun bleibt nur noch eine Frage, deren Beantwortung Ihnen in jedem Krisenfall ein leises Lächeln auf die Lippen zaubern könnte: Wenn der Clan so gut ist für das Management und die Mitarbeiter, für die Kunden und die Geschäftspartner, kann er dann auch gut für den Gewinn sein?

Die Kostenseite:
Der Clan Value rechnet sich!

Um auch den letzten Skeptikern den Wind aus den Segeln zu nehmen: Der Clan Value schlägt sich selbstverständlich nicht nur klimatisch, sondern ganz direkt auch in den Zahlen nieder. Meine These: Unternehmen, die nach Clan-Prinzipien geführt werden, verursachen geringere Kosten als Unternehmen, die nicht auf den Clan setzen. Dazu eine kleine Auswahl aus einer wahren Fülle an Indizien:

- Der Clan reduziert die Kosten, indem er dauerhafte Partnerschaften begünstigt und zu geringeren Ausfallsraten infolge von Personalfluktuation führt: Investieren Sie in Aus- und Weiterbildung Ihrer Mitarbeiter und auch in deren Persönlichkeitsentwicklung. Die daraus resultierende Bindung an den Clan reduziert die Neigung guter Mitarbeiter, eine Beschäftigung in anderen Betrieben in Erwägung zu ziehen. Investitionen in die Aus- und Weiterbildung der Clan-Mitglieder zeigen rasch einen Return on Investment. Mit einer Senkung der Fluktuationsquote um 5% erspart sich ein Handwerksbetrieb mit zwanzig Mitarbeitern jährlich einen Mittelklassewagen. Ein High-Tech-Betrieb kann bei einer gleich hohen Senkung der Fluktuation eine Gewinnsteigerung von mindestens 10% erzielen. Ein Industriebetrieb mit 180 Mitarbeitern könnte bei einer entsprechenden Reduktion der Fluktuation langfristig sechs neue Arbeitsplätze schaffen.

■ Der Clan reduziert die Kosten, indem er zu geringeren Abwesenheiten der Mitarbeiter führt: Während hierarchisch geführte Organisationen – beispielsweise Ministerien – jährlich einen Ausfall von drei bis vier Wochen pro Mitarbeiter (neben Urlaubswochen und Amtswegen) zu verzeichnen haben, bewegen sich Krankenstände und sonstige Fehlzeiten in clanartig geführten Unternehmen im akzeptablen Bereich von einer Woche pro Jahr. Das hat mit dem Wahrnehmen von Verantwortung zu tun. Und mit einem positiven Lebensgefühl, das auch eine energetische Stärkung des Teams nach sich zieht. Gelingt in einer Abteilung mit zwanzig Mitarbeitern eine Senkung der Krankenstände um zwei Wochen je Mitarbeiter, erspart das dem Unternehmen mindestens 40.000 Euro pro Jahr.

■ Der Clan reduziert die Kosten, indem er Arbeitskonflikte nicht auf die Spitze treibt: Durch das positive Miteinander werden sie in einer harmonischeren Art und Weise gelöst. Dissonanzen, Arbeitsbedingungen, Lohnerhöhungen, Veränderungen im betrieblichen Ablauf, Maßnahmen zum Arbeitnehmerschutz werden mit dem Clan-Chef geklärt.

■ Der Clan reduziert die Kosten, indem er den Aufstiegswettbewerb entschärft und die Intrigenflut reduziert: Den Clan-Mitgliedern wird durch ihre Funktion im Clan ein wichtiger Stellenwert zugeordnet, der ihre Clan-Identifikation stärkt. Gepaart mit der Clan-Wertewelt mildert das den Konkurrenzkampf zwischen gleichrangigen Clan-Mitgliedern. Intrigen um der persönlichen Karriere wegen sind seltener anzutreffen, solange es dem Clan-Chef gelingt, die Mitarbeiter von der Sinnhaftigkeit des Zusammenhaltes zu überzeugen.

■ Der Clan reduziert die Kosten, indem er Motivation und Zusammengehörigkeitsgefühl stärkt: Ergebnis eines mit Bedacht eingeführten Clan-Modells ist auch der Anstieg des Leistungswillens der Clan-Mitglieder, insbesondere auch des Clan-Chefs und der zweiten Führungsebene. Clan-artig geführte Unternehmen zeigen in der Führung eine signifikant höhere Motivation zur fallweisen »Selbstausbeutung«. Daraus resultiert eine Vorbildfunktion für die Clan-Mitarbeiter.

■ Der Clan erhöht die Kosten der Unternehmensführung, weil für die Bindung der Mitarbeiter an den Clan sowie für seinen Aufbau und Erhalt auch finanzielle Mittel aufgewendet werden müssen: Es ist nicht zu bestreiten, dass der Aufbau des Clans und das konsequente Leben der Clan-Werte auch Kosten verursachen. Als Beispiel seien die höheren Investitionen in die Arbeitsatmosphäre (von Arbeitsplatz-Ergonometrie bis hin zu Gestaltungsmaßnahmen à la Feng Shui) genannt.

Aber auch hier gilt: Weniger ist bisweilen mehr. Sie können Teambuilding-Maßnahmen anwenden und trotzdem kostenbewusst handeln. Nur in einem Bereich werden Sie es wirklich mit deutlich höheren Kosten zu tun bekommen: Ihr Wille, sich Zeit zu nehmen und gemeinsam die Clan-Werte zu erarbeiten, auszubauen und zu stärken, reißt große Löcher in Ihr Zeitbudget. Und weil Zeit Geld ist, werden Sie dies auf die eine oder andere Art zu bezahlen haben. Allerdings: Weil Zeit so wertvoll ist, werden Ihre Mitarbeiter es wohlwollend zur Kenntnis nehmen und sich mit besonderem Engagement revanchieren, wenn Sie ihnen Zeit schenken.

ZETTEL ██ KASTEN

Kostenfaktor Stress

Es war ein Schock: Konrad Reiss, Chef der Telekom-Tochter T-Systems, fiel im Urlaub einfach um. Herzversagen. Mit 47 Jahren. Es gab keine Warnsignale, er war schlank, wirkte ausgeglichen, jung, frisch. Er hinterlässt seine Frau, drei Kinder und ein Team, dem er in den letzten Jahren Orientierung und Erfolg gegeben hat. Kurz vor seinem Tod musste er übrigens »gedämpfte« Quartalszahlen begründen.

In vielen Unternehmen haben Leistungen heute nur noch Bestand im Quartal. Manche Fonds entwickeln bei Firmenkäufen den Ehrgeiz, sich mit kurzfristigen Renditen zu übertreffen. Von jahrzehntelang gesunden Unternehmen bleibt oft nur noch ein *Torso* übrig, Hunderte bangen um ihren Arbeitsplatz, wenige gewinnen. Was hat das mit Stress zu tun? Stellen Sie sich eine Führungskraft vor, die an einen Fonds

»verkauft« wird und ahnt, dass sie nur noch Mittel zum Zweck ist. Beobachten Sie die Entscheidungen von Managern, die jedes Vierteljahr auf dem existenziellen Prüfstand stehen. Der gelebte Zynismus. »Wenn Sie nicht alles geben, finden wir einen anderen« bedeutet Management mit Angst, verbietet geradezu Gelassenheit und Souveränität. Dass Kosten für Einarbeitung und Integration, den Aufbau menschlich tragfähiger Mitarbeiter- und Kundenbindungen, Erfahrung und Entscheidungssicherheit teuer erworbene Güter sind, wird häufig ausgeblendet.

Bevor eine Strategie wirkt, wird die nächste beschlossen, die Fehlerhäufigkeit nimmt zu, die Kosten steigen, der Image-Verlust wirkt langfristig.

(Stefan Müller, Süddeutsche Zeitung, 5. 9. 2005)

- Der Clan reduziert die Kosten, die im Umgang mit Lieferanten und auch mit Kunden anfallen.

Zu den Lieferanten: Unternehmen benötigen für die optimale Abwicklung ihres Produktionsprozesses Zulieferfirmen, die nicht nur pünktlich, sondern auch in der erforderlichen Qualität und zu angemessenen Preisen liefern. Dabei entstehen oft langjährige Beziehungen. Indem der Clan seine Lieferanten so einbindet, entstehen zwar Kosten, aber auch Kostenvorteile. Zum einen verursacht diese Bindung Opportunitätskosten, wenn ein billiger Anbieter nicht den Zuschlag erhält, weil der Clan-Lieferant bevorzugt behandelt wird. Dieser Nachteil wird allerdings aufgewogen durch die erwiesene Zuverlässigkeit des Clan-Lieferanten: eine mangelhafte Lieferung würde ebenso Kosten verursachen wie der zusätzliche Klärungs- und Prüfungsaufwand mit dem nicht erprobten Partner. Obendrein lassen sich Produktverbesserungen in einer widerstandsfähigen Kunden-Lieferanten-Beziehung vom Unternehmen leichter einfordern. Oft entstehen solche Verbesserungen überhaupt erst durch ein intensives Zusammenspiel der Kräfte.

Zu den Kunden: Sie sind – neben den Mitarbeitern – die wichtigsten Clan-Sympathisanten. Kunden in den Clan einzubinden ist zwar mit Kosten verbunden, aber die Rechnung ist einfach: Um einen Stammkunden davon zu überzeugen, bei Ihrem Unternehmen ein weiteres Produkt zu kaufen, benötigen Sie vielleicht eine Stunde. Um jedoch aus der Vielfalt möglicher neuer Kunden denjenigen zu akquirieren, der dann eine Ware aus Ihrem Unternehmen kauft, müssen schon in jeder Hinsicht schwerere monetäre Geschütze aufgefahren werden.

Nicht der Preis oder die Qualität des Produkts sind die entscheidenden Faktoren für den Wechsel eines Geschäftspartners, auch nicht die Intensität der Werbung: »70 Prozent der abtrünnigen Kunden kehren einem Anbieter nicht aus Preis- oder Qualitätsgründen den Rücken, sondern weil sie mit seinem Geschäftsgebaren in menschlicher Hinsicht unzufrieden waren«, quantifiziert der amerikanische Bestsellerautor Tom Peters diesen Umstand in seinem Buch »Der Wow!-Effekt: 200 Ideen für herausragende Erfolge« (Frankfurt am Main 1995).

Kunden wechseln also, weil sie sich nicht ausreichend umsorgt fühlen. Allein deshalb lohnt es sich, alles zu tun, um die Beziehung mit dem Kunden zu festigen und ihn in den Clan zu holen.

Clan Value ist, wenn die Clan-Chefin ein Buch über den Clan Value schreibt und der Clan mitdenkt. Yvonne Reif, meine Assistentin für Marketing und PR, hat mich während der Recherchen zu diesem Buch eines Morgens mit einer Lesefrucht beschenkt, die punktgenau an dieser Stelle platziert werden muss. Wenn ich es bis jetzt nicht geschafft haben sollte, Ihnen die Stärken des Clan Value überzeugend darzulegen, dann bleibt mir nur noch dieser Zettelkasten hier: Lesen Sie, wie der Clan die Menschen stark macht und alt werden lässt, auch wenn sie ungesund essen, hart arbeiten und hemmungslos rauchen.

ZETTEL KASTEN

Wie der Clan die Menschen schützt

In der ersten Hälfte des 20. Jahrhunderts schienen die Bürger von Roseto einen Pakt mit höheren Mächten geschlossen zu haben – jedenfalls waren sie gegen Herz-Kreislauf-Erkrankungen, die häufigste Todesursache in entwickelten Ländern, so gut wie immun. Vor dem Erreichen des Rentenalters starb niemand an solchen Leiden, und für Männer jenseits der 65 war die Sterblichkeitsrate gerade halb so hoch wie im amerikanischen Durchschnitt. Obwohl alle Bewohner der Stadt italienischer Abstammung waren, konnten sie ihre Gesundheit kaum der viel gerühmten Mittelmeerdiät verdanken. In Roseto lebte man sogar ausgesprochen ungesund. Man rauchte, arbeitete hart, und weil Olivenöl in Amerika damals nicht zu bekommen war, kochten die Frauen das traditionell fette süditalienische Essen mit ausgelassenem Schinken. Auch genetische Besonderheiten konnten die robuste Verfassung der Bürger von Roseto nicht erklären.

Was diese Menschen wirklich von Durchschnittsamerikanern unterschied, war ihr Zusammenhalt. Der Ort bestand aus Abkömmlingen einer Hand voll Clans, die allesamt zur selben Zeit aus Apulien eingewandert und auch in der neuen Welt nicht auseinander zu bringen waren. So erhielten sich in Pennsylvania alle Rituale einer italienischen Kleinstadt. Man traf sich zum täglichen Abendspaziergang oder zum Spielen in einem der vielen Klubs, feierte Prozessionen und große Kirchenfeste. Weil Neid die Gemeinde gespalten hätte, war es in Roseto verpönt, Reichtum zu zeigen. Obwohl viele Familien es durchaus zu Wohlstand gebracht hatten, war es unmöglich, an Kleidung, Auto oder Haus Arme und Vermögende zu erkennen. Alte Menschen lebten bei ihren Kindern, drei Generationen unter einem Dach. Kriminalität gab es nicht.

172

Das alles änderte sich, als Roseto wie der Rest Amerikas wurde. In dem Maß, in dem es den Bürgern materiell besser ging, zerbrach die Gemeinschaft. Nach 1970 verließen viele Jugendliche den Ort zum Studium und kamen mit anderen Vorstellungen zurück, als ihre Eltern sie gepflegt hatten. Manche fuhren in **Cadillacs** vor. Große Häuser wurden gebaut, Swimmingpools ausgehoben, die Gärten umzäunt. Man zog sich in seine vier Wände zurück und genoss seinen Wohlstand. Und je mehr Roseto einer ganz normalen amerikanischen Kleinstadt ähnelte, desto mehr näherten sich auch die Krankheitsraten und die Sterblichkeit dem Landesdurchschnitt an. Mit den engen Bindungen zwischen den Bürgern war auch deren Schutzwirkung verloren gegangen.

(Stefan Klein: Die Glücksformel oder Wie die guten Gefühle entstehen,
© 2002 by Rowohlt Verlag GmbH, Reinbek bei Hamburg)

Die fünfte Tür

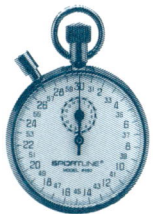

Im Trainingsraum.

»Sei eifrig in der Übung deines Weges.«
(Miyamoto Musashi: Das Buch der fünf Ringe)

Neue Kräfte:
Ein Bauplan für den Clan.

Endlich wird in die Hände gespuckt. Sie haben sich für den Clan entschieden. Sie sehen den Clan Value am Horizont. Jetzt wollen Sie wissen, was konkret zu tun ist. Wie Sie ihn realisieren können. Sie wollen einen Bauplan, eine Anleitung. Sie wollen nun einen Schritt nach dem anderen machen, um schließlich im Clan leben und arbeiten zu können.

Nun gut. Ich habe diesen Trainingsraum übersichtlich, um nicht zu sagen: spartanisch eingerichtet. Vier Geräte stehen Ihnen hier zur Verfügung, mehr brauchen Sie nicht:

- Eine Profil-Analyse, die Ihnen zeigen soll, auf welche Persönlichkeiten Sie in Ihrem Clan setzen können.
- Ein Trockentraining, mit dem Sie Ihr eigenes Potenzial als Clan-Chef beurteilen und weiterentwickeln können.
- Ein Verhaltenstraining, das Ihnen hilft, die Werte Ihres Clans zu formulieren und ernst zu nehmen.
- Und schließlich eine kleine Anleitung zum Mentoring, die Ihnen bei der Entwicklung des Personalpotenzials im Clan helfen soll.

Die Persönlichkeiten im Clan: Vier Profile.

Sobald Sie sich daran machen, Ihr Unternehmen, Ihre Abteilung, Ihren Verein zu einem Clan umzubauen, müssen Sie wissen, mit wem Sie es dabei zu tun haben werden. Sie müssen erkunden, welche Menschen mit Ihnen an einem Strang ziehen werden. Sie wissen, dass ein ausgewogenes Verhältnis der diversen Persönlichkeitsfaktoren die Voraussetzung für das Funktionieren des Clans ist. Sie müssen sich also einen Überblick verschaffen, der Ihnen diesbezüglich Stärken und Schwächen schonungslos offen legt.

Ein Clan, in dem kein starker Alpha-Typ als Motor zur Verfügung steht, funktioniert nicht – ein informeller Führer wird rasch diese Lücke füllen wollen. Jene Menschen, die in der Gruppendynamik als Gamma-Typen beschrieben werden, sind ganz wichtig für Ihren Clan: Sie sind Ihre Mitstreiter. Um Sie bestmöglich unterstützen zu können, brauchen sie allerdings eine klare Führung – jemanden, der den Weg vorgibt, der Visionen formuliert, der Mut macht.

Wer aber zählt zu welchem Typ? Und warum verträgt Ihr

Clan nicht allzu viele Omega-Typen? Ich habe hier für einen kleinen Überblick die wesentlichen Merkmale der vier Typen zusammengestellt. Schnell werden Sie sehen, wer die Alpha-, Beta-, Gamma- und Omega-Typen im Clan sind. Und wie sie – in dieser Rangdynamik – zusammenwirken.

Der Alpha-Typ geht voran. Er hat sich längst einen Ruf als Anführer erworben. Als solcher steht er gewohnheitsmäßig im Mittelpunkt der Aufmerksamkeit. Er ist für die Gruppe als Leiter verantwortlich, gibt Ziele, Normen und Orientierung vor. Er koordiniert die Clanmitglieder, hat Entscheidungskompetenz, sucht den Konsens. Er ist der geborene Motivator, Vermittler, Mutmacher und Ermahner. Wer gut beobachtet, wird erkennen, dass Alpha-Typen oft mit großen Anteilen ihres Eltern-Ichs agieren: Sie leben ihre Vater- oder Mutterrollenbilder weiter vor. Alpha bringt Persönliches in den Clan ein, seine Vorlieben und seine Abneigungen wirken ansteckend und werden häufig von den Clan-Mitgliedern übernommen.

Freilich tritt dieser Alpha-Typ nicht in ein und derselben Version auf. Mitunter ist er der Bewahrer, der in der Beschützerrolle brilliert. Oder er fällt uns als Pionier und Reformer auf. Vielleicht als Technokrat. Oder als Charismatiker.

Wie auch immer – den Führungsanspruch als Clan-Chef meldet jedenfalls ein Alpha-Typ an. (Oft, das werden wir später sehen, stehen solche Alpha-Typen im heftigen Widerstreit mit einer ausgeprägten Omega-Persönlichkeit.)

Im Führen legen diese Menschen recht unterschiedliche Stile an den Tag: Mancher kommt freundlich, warmherzig, liebevoll daher. Andere wieder herrisch dominant oder kühl distanziert.

Wir erleben den Alpha-Typ als Sonnenkönig oder – weniger strahlend – als absolutistischen Macher. Wir sehen ihn, wie er den Clan zu neuen Ufern und auf Neuland führt, wie er Wachstum und Expansionsdrang des Clans repräsentiert.

Oder sie, die Clan-Chefin, die als Alpha-Typ ihre Mitstreiter in den Bann zu ziehen weiß, aber auch Menschen, die ihr ausgesprochen skeptisch gegenüberstehen. Mit ihrer charismatischen Ausstrahlung spielt sie viele an die Wand, weiß sie zu führen, zu verführen und hat sie die Hand immer am Puls der Gruppe. Sie gibt das Tempo vor, ist mal schneller, mal langsamer.

Sie kann Interessenslagen gut orten und unterschiedlichste Wünsche zu einem gemeinsamen Wertekanon vereinen. Ihre Stärke ist die Integration von neuen Ideen in bestehende Strukturen. Dadurch entsteht auf harmonische Art und Weise etwas Neues.

Ob der Alpha-Typ nun in dieser oder jener Ausprägung daherkommt – als Clan-Chef muss er die Wertewelt des Clans überzeugend repräsentieren, und zwar nicht nur nach außen, sondern ebenso stark nach innen. Ist der Clan-Chef schwach, so findet sich in der informellen Struktur rasch ein starker Alpha-Typ, der die Leitung übernimmt.

Ganz anders der Beta-Typ: Er ist unabhängiger in seinem Streben nach Macht. Oft tritt er als Experte oder Berater auf. Im Gruppenprozess leistet er fachliche Beiträge, informiert und analysiert. Er macht Regeln und unterstützt. Meist genießt er hohes Ansehen.

Je nach Ausprägung und Machtbedürfnis führt er die Geschicke hinter den Kulissen. Eine überragende Beta-Persönlichkeit mit Anspruch auf die Alpha-Position war die »graue Eminenz« Kardinal Richelieu: ein starker Gegenpol zum französischen König, immer bereit, für den Machtgewinn unkonventionell zu taktieren. Obwohl manche ihn auch als Omega stigmatisieren.

Der »leise Weise« – eine andere Beta-Ausprägung – berät den Clan fundiert und ist altersmäßig in einer Senior Position angesiedelt, als Denker, als Erfahrener, ein Weiser eben. Er handelt nicht aus Eigennutz, sondern aus dem echten Bedürfnis, seine Erfahrung, seine Erkenntnis, seine Weisheit einzubringen.

Sehr nahe kommt ihm der Typ des Mediators. Dessen Aufgabe ist es, ähnlich einem Schiedsrichter, bei Konflikten auszugleichen und Lösungen für die Beilegung von Clan-Streitigkeiten zu finden.

Gut möglich ist auch, dass der Beta-Typ für das Wohlbefinden des Clans verantwortlich zeichnet. Er gilt als weise und ist mit einem ausgeprägten Sinn für das Heil von Körper und Seele ausgestattet. Er übernimmt häufig die Funktion des Betriebspsychologen.

In Bezug auf die Außenwelt, bei Veranstaltungen und Konferenzen kommt ihm auch als Zeremonienmeister eine bedeutsame Rolle zu. Er glänzt als Protokollchef. Vielleicht ist er ein wenig steif, dennoch kann er für das Repräsentative der Richtige sein. Er merkt sich Namen und Gesichter – betreut die Gäste also sehr individuell.

Dann der Gamma-Typ. In der Rangdynamik kommt ihm die Rolle des Mitstreiters, des Weggefährten, des Bauern zu. Er übernimmt Aufträge, folgt zuverlässig den Anleitungen seiner Vorgesetzten.

Er ist in unterschiedlichsten Aufgabenbereichen hilfreich. Und tritt in unterschiedlichsten Ausprägungen auf. Frauen dieses Typs wirken oft als Clan-Glucke: Bei ihr weinen sich Clan-Mitglieder aus – in privaten wie in beruflichen Belangen. Sie hat ein offenes Ohr und oft eine gefüllte Keksdose.

Auch für das Bewahren der Clan-Geschichte ist der Gamma-Typ als Archivar oder Fotograf unentbehrlich. Er hält Ordnung und dokumentiert sorgfältig. Häufig ist er auch beta-geprägt, dann trifft man ihn zum Beispiel als kreativen Fotografen bei Clan-Festen.

Nicht wegzudenken aus der Clanstruktur – und oft eben im Mantel des Gamma-Typus unterwegs – ist der Kraftprotz: stark bis muskulös, sympathisch, allseits beliebt, auch beim Schleppen von Bierkisten oder Tischen für die Clan-Feste gern dabei.

Und schließlich der Omega-Typ. Wachstum erfährt der Clan oft erst durch die Konfrontation mit ihm. Manchmal ist er ein Außenseiter, ein Quertreiber. Häufig zeichnet er sich durch unerwartetes Kritisieren, bisweilen auch durch Nörgeln aus. Er rivalisiert, spornt an und macht ungewöhnliche Vorschläge. Er liebt die Herausforderung und delektiert sich an der Konfrontation. Ihn gibt es in verträglicheren, aber auch in weniger kompatiblen Ausführungen.

In der nicht leicht verdaulichen Variante strebt dieser Typ Wandel und Veränderung nicht durch Evolution und Weiterentwicklung an, sondern durch harte Eingriffe und Revolutionen. Er kann für den Clan sehr hilfreich sein, denn er hat die Funktion des Antreibers. Wenn er das Tempo vorgibt, zwingt er die anderen, sich mit seiner Geschwindigkeit auseinander zu setzen.

Es gibt den Omega-Typ aber auch in einer romantisch geprägten Version – jung, diskussionsfreudig, ganz Sturm und Drang. Er hält sich nicht an Normen – aber nicht so sehr aus Oppositionsgeist, sondern weil er die Wirklichkeit ein bisschen verkennt. Mitunter hat er einen ausgeprägten Hang ins Künstlerische: Er setzt Zeichen, Trends, gestaltet das Leben als kreativen Prozess und bereichert den Clan.

Wenn er allerdings als Querdenker auftritt, ist der Omega-Typ mit Vorsicht zu genießen: Er stellt die Wertewelt des Clans in Frage. Kann er dies konstruktiv vorbringen – das hängt von seiner Persönlichkeit, aber auch vom Führungsgeschick des Clan-Chefs ab –, dann ist er ein guter Herausforderer. Er treibt notwendige Veränderungsprozesse voran.

Die Gefahr, dass er Stimmung und Gefüge des Clans empfindlich stört, ist aber nicht zu unterschätzen. Dazu kommt, dass der Omega-Typus ausschließlich mit dem Alpha-Führer kommunizieren will und dabei Beta- und Gamma-Persönlichkeiten außen vor lässt. Es kann zu Wortduellen und zu einem Schlagabtausch zwischen Alpha und Omega kommen, die den Clan in Bewegung setzen. Die Konfrontation kann dennoch sehr befruchtend sein.

Nachdenklich machen muss jedenfalls jener Omega-Typ, der von der Gruppe in die Rolle des Außenseiters gedrängt wird – ein unfreiwilliger Outlaw. In so einer Konstellation ist die Clan-Hygiene kritisch zu hinterfragen.

Auf den richtigen Mix kommt es an. Ränge und Positionen innerhalb eines Clans unterliegen ebensolchen Gesetzmäßigkeiten wie in anderen kleineren und größeren Gruppen. Auch im Clan ist daher ein ausgewogenes, auf seine Weiterentwicklung anregend wirkendes Verhältnis aller Rollentypen das Ziel.

Sehen Sie den Clan als ein kybernetisches System, vergleichen Sie ihn mit einer Heizung: Der Thermostat misst die Raumtemperatur mit einem Sensor und vergleicht diesen Wert mit einem vorgegebenen Sollwert. Wenn der Ist-Wert darunter liegt, aktiviert er die Heizung, die ihm ihrerseits eine Meldung über ihren Aktivierungsstand zukommen lässt. Auf diesem Prinzip sollten Sie das Clan-Gefüge organisieren: Zu wenige Beta-Typen? Dann schauen Sie sich unter den Gamma-Typen um, vielleicht liegt dort Potenzial brach.

In diesem Sinn müssen Sie auch erkennen, dass jeder Typus im Clan eine wichtige Funktion innehat und jeder auf seine Art zur Clan-Stabilität beiträgt. Die Einteilung in Alpha-, Beta-, Gamma- und Omega-Typen ist daher kein Ranking, keine Einteilung in Gut oder Schlecht. Sie soll einfach nur helfen, das bestehende Clan-Gefüge zu erkennen und gezielt zu nutzen.

Nehmen Sie nun ein Blatt Papier und listen Sie alle Menschen auf, die in Ihrem Clan eine Rolle spielen. Dann machen Sie zwei einfache Schritte: Sie analysieren die Clan-Dynamik im Ist-Zustand. Und Sie analysieren die Clan-Potenziale der Zukunft.

Im ersten Schritt ordnen Sie also jeder Mitarbeiterin, jedem Partner, jeder Kollegin, jedem Clan-Mitglied ein Alpha (α), Beta (β), Gamma (γ) oder Omega (ω) zu.

Sie überlegen, welche Funktion der jeweilige Mensch in dieser Clan-Ordnung einnimmt. Am Ende steht auf der Liste dann neben jedem Namen ein griechischer Buchstabe. Zusammen ergibt das ein eindrucksvolles Abbild Ihres Clans: Sie sehen, wie Sie und Ihr Clan aufgestellt sind.

Dabei ist Ausgewogenheit das oberste Ziel. Ihr Clan braucht einen, vielleicht auch zwei Alpha-Typen. Er verträgt ein oder zwei Omega-Typen. Meist ist Platz für mehrere Beta-Typen. Ganz wichtig für Ihren Clan ist eine größere Anzahl von Gamma-Typen.

Sollte es mehr als einen Alpha-Typ geben, müssen diese wirklich gut miteinander harmonieren. Im Idealfall kennen sie einander lange und wissen, wie sie zusammenwirken.

Zu viele Omega-Typen sind ebenso riskant für den Zusammenhalt. Eine Gruppe braucht Stabilität. Sie braucht Harmonie. Nur auf dieser Basis kann sie konsequent Ziele verfolgen und Zielvorgaben erfüllen. Der Omega-Typ stört dieses Harmoniegefüge potenziell. Wenn der Clan allerdings träge ist, dann bringt er im Idealfall Schwung hinein, er spielt also den Hecht im Karpfenteich.

Zu viel von diesem Schwung verträgt der Clan aber nicht. Er wird dann danach streben, die Omegas hinauszudrängen.

Damit kommen Sie zum zweiten Schritt: Nutzen Sie die Potenziale Ihres Clans, wenn Sie Lücken oder Schwächen erkennen. Wenn die Ausgewogenheit der Typen im Clan nicht gegeben ist, arbeiten Sie sie heraus. Dafür beurteilen Sie in einer zweiten Kolonne neben jedem Namen das Clan-Potenzial der jeweiligen Person: Hat dieser Kollege vielleicht das Zeug zum Alpha-Typen? Kann jene Kollegin in eine Beta-Position aufrücken? Es hilft Ihnen dabei, wenn Sie die Menschen besser kennen lernen. Wenn Sie genauer wissen, mit wem Sie es zu tun haben. Ein Mitarbeiter, der in Ihrem Clan-Gefüge als Alpha-Typ auftritt, bleibt nicht automatisch in jeder beliebigen Gruppenkonstellation Alpha. Es geht bei der Bestimmung des Clan-Potenzials also nicht nur um die Persönlichkeitsmerkmale bestimmter Menschen. Es geht darüber hinaus ganz wesentlich auch um deren Potenzial im Gruppenverhalten: Vielleicht hat ja der Omega-Typ, der in dieser Abteilung einen Hang zum Lästigsein hat, in einer anderen Abteilung das Potenzial zum Alpha-Typen. Vielleicht sehen Sie in jemandem, der sehr jung in Ihrem Unternehmen begonnen hat und in seiner Unauffälligkeit erst einmal als Gamma-Typ eingestuft wurde, ein Potenzial schlummern, das Sie erwecken wollen. Vielleicht könnte dieser Mensch demnächst schon eine Beta-Position einnehmen. Möglicherweise kann er sich mit Ihrer Hilfe dorthin entwickeln. Ob Sie ihn in ein Mentoring-Programm aufnehmen sollten, erfahren Sie ein paar Seiten weiter im Abschnitt »So fördern Sie den Nachwuchs«.

Das Trockentraining:
Sind Sie der geborene Clan-Chef?

Wenn Sie selbst noch mit der Frage hadern, ob Sie als Clan-Chef wirklich ideal besetzt sind, dann will ich Ihnen mit diesem Abschnitt eine kleine Hilfe an die Hand geben. Wenn Sie ohnehin schon Clan-Chefin sind, dann regen Sie die folgenden Zeilen vielleicht dazu an, Ihr Potenzial noch einmal mit den Anforderungen abzugleichen. Möglicherweise entdecken Sie dabei ja die eine oder andere kleine Schwäche, an der Sie gern arbeiten würden. Und wenn Sie bis hierher gelesen haben, ohne selbst in die Rolle eines Clan-Chef schlüpfen zu wollen, dann sind Sie hier auch richtig: Hier könnten Sie herausfinden, wie der Chef tickt und warum er manchmal nicht richtig tickt.

Damit wir uns richtig verstehen: Ich halte meine Leserinnen und Leser für mündige Menschen. Ich will daher niemanden mit einem Test oder einem Prüfungskatalog langweilen. Andererseits will ich Ihnen aber auch zeigen, dass ein paar simple Denkanregungen mitunter schneller zu neuen Ergebnissen führen. In diesem Sinn habe ich hier einige Kriterien aufgeschrieben, die Ihnen als Anleitung bei Selbstbeurteilung und Selbstreflexion dienen könnten.

Wenn Sie durch die folgenden Anregungen herausfinden, dass diese Eigenschaft oder jenes Persönlichkeitsmerkmal bei Ihnen besonders gut ausgeprägt ist, dann wird Ihnen das womöglich helfen, Ihre Rolle – ob als Clan-Chef oder Clan-Mitglied – besser zu erkennen.

Beantworten Sie die Fragen auf einem Blatt Papier und ergänzen Sie die Anmerkungen. Machen Sie sich allenfalls Notizen, womit Sie sich in Zukunft intensiver beschäftigen wollen. Die meisten Punkte sind als offene Fragen konzipiert, damit Sie Gelegenheit haben, alle Facetten anzusehen. Schärfen Sie also den Blick für dieses Profil.

Und noch eins: Was immer Sie hier über sich selbst lernen – lassen Sie sich davon nicht entmutigen. Es geht – wie auch bei den anderen Instrumenten in diesem Trainingsraum – zuallererst ja darum, dass Sie eine möglichst realistische Einschätzung des Ist-Zustands erhalten. Auf dieser Basis können Sie anschließend einen individuellen Arbeitsplan entwickeln, der Ihnen helfen soll, die Ziele Ihres Clans auch zu verwirklichen.

Das optimierte Profil des Clan-Chefs. Eine Anleitung.

1. Emotionale Stabilität:
Sind Sie ausgeglichen oder leicht aus der Ruhe zu bringen? Wie selbstsicher sind Sie? Welche Rolle spielen Ängste in Ihrem Leben? Wie gut können Sie mit Stress umgehen?

2. Extraversion:
Wie werden Sie von anderen wahrgenommen: als begeisterungsfähig, gesprächig, abgehoben, zurückgezogen, auf den anderen zugehend, herzlich. Oder eher als schüchtern, unnahbar, distanziert? Wie fühlen Sie sich in Gesellschaft anderer?

3. Offenheit für Erfahrungen:
Wie offen sind Sie für neue Erfahrungen? Wie steht es mit Ihrer Neugier? Was bedeuten für Sie Neuerungen? Würden Sie sich als einen spielerischen, kreativen Menschen bezeichnen? Oder eher als einen nüchternen, bodenständigen?

4. Verträglichkeit:
Wie werden Sie von anderen Menschen empfunden? Eher als kooperativ, warmherzig, verständnis- und vertrauensvoll? Als verträglich, als umgänglich? Oder eher als harsch, autark, als abgehoben gar, als durchsetzungsorientiert, als kämpferisch? Womöglich sogar als martialisch und aggressiv?

5. Gewissenhaftigkeit:
Stehen Sie im Ruf, besonnen, zuverlässig, fleißig, ehrgeizig, diszipliniert, gewissenhaft und manchmal sogar ein bisschen penibel zu sein? Oder würden Ihnen andere Menschen eher eines der folgenden Attribute zuordnen: chaotisch, impulsiv, nachlässig, inkonsequent, spontan, unordentlich? Was empfinden Sie bei diesen Eigenschaften?

6. Emotionale Kompetenz:
Sind Sie intuitiv, einfühlsam, sensitiv, emotional, sensibel und empathisch? Oder eher selbstkontrolliert, emotional kühl, gleichgültig, empfindungsarm? Haben Sie Schwierigkeiten, die Gefühle anderer nachzuvollziehen, sich in andere hineinzuversetzen? Haben Sie eine »Hornhaut auf der Seele«? Was sind Ihre Erwartungen an sich selbst?

7. Vernetzungsfähigkeit:

Wie sehr mögen Sie es, mit anderen in persönlichen Kontakt zu kommen? Welche Hemmungen haben Sie bei neuen Bekanntschaften? Wann fällt es Ihnen leicht, mit unbekannten Menschen ins Gespräch zu kommen? Wie schaffen Sie es, sich mit anderen zu vernetzen?

8. Soziale Kompetenz:

Wie gerne lassen Sie andere reden und hören ihnen zu? Sind Sie ein guter und aktiver Beobachter? Wie nahe gehen Ihnen Konflikte, wie gut schaffen Sie die Balance zwischen Engagement und Abgrenzung in Streitsituationen? Können Sie Ihre Gefühle ausdrücken?

9. Arbeits- und Leistungsorientierung:

Wie wichtig sind Ihnen Leistung und Qualität? Wie groß ist Ihre Motivation, Leistungen – gar bis zur Selbstausbeutung – zu erbringen? Wie ehrgeizig und ambitioniert gehen Sie vor? Wie oft stoßen Sie an Leistungsgrenzen?

10. Führungsanspruch und Dominanz:

Wie gerne ergreifen Sie die Initiative und treffen Entscheidungen? Wie oft werden Sie als dominant, hartnäckig, bestimmend, lenkend, durchsetzungsorientiert bezeichnet? Oder agieren Sie ohnehin eher nachgiebig? Fügen Sie sich eher ein? Ordnen Sie sich unter und vermeiden Sie Auseinandersetzungen?

11. Selbstachtung:

Wie steht es um Ihre Eigenliebe? Was sind Sie sich selbst wert? Schätzen Sie Ihre eigenen Stärken als positiv ein? Wie ausgewogen ist Ihr Selbstwertgefühl? Plagen Sie mitunter Minderwertigkeitsgefühle?

12. Unternehmerische Kompetenz:

Wie stark spüren Sie in sich die »entrepreneurial flame«, die Berufung zum Unternehmer? Sind Sie risikobereit? Oder haben Sie eine geringe Veränderungsbereitschaft? Wie bereitwillig gehen Sie Risiken und Gefahren ein?

Das Verhaltenstraining: Worauf es ankommt – ein Kriterienkatalog.

Der Clan ist ein sensibles Gebilde. Und nichts ist selbstverständlich. Daher braucht es Werte. Vom Clan profitieren können nur jene, die diese Werte auch ernst nehmen. Genauso kann auch der Clan nur prosperieren, wenn diese Werte gelebt werden. Um dies sicherzustellen, müssen diese Werte nicht nur gepflegt, sondern fallweise auch erst erlernt und dann trainiert werden. In diesem Sinn will ich Ihnen hier ein paar Anregungen geben.

Wir haben den Clan weiter vorne schon wie einen Rohbau beschrieben. Er besteht aus einer Clan-Strategie, einer Clan-Struktur und einer Clan-Kultur. Weil auf dieser Konstruktion das Gewicht des Clans lasten soll, muss sie gut durchdacht und entsprechend solide gebaut werden.

Im Fundament dieses Rohbaus finden wir gleich zwei wichtige Strategie-Elemente, die im Clan unabdingbar sind. Wer mit diesen beiden Eigenschaften nichts anfangen kann, wird mit seinem Clan nicht weit kommen: die Passion und der Respekt.

Die Passion – meinetwegen auch: Leidenschaft – ist unabdingbar für den Aufbau eines erfolgreichen Clans. Nur wer sie in sich spürt, ist – notfalls bis zur Selbstausbeutung – bereit, die Entwicklung des Clans voranzutreiben, und Menschen zu motivieren, sich der gemeinsamen Idee zu verschreiben.

Ebenso unverzichtbar ist der Respekt voreinander. Die Hochachtung gegenüber anderen Menschen, die Wertschätzung von deren Individualität, deren Anderssein, der respektvolle Umgang mit anderen – wer diese Qualitäten nicht aufbringen kann, der sollte die Hände vom Aufbau eines Clans lassen. Es wird ihm niemals gelingen, Leidenschaft bei anderen zu wecken – weder bei seinen eigenen Mitarbeitern, noch bei den Kunden, noch bei sonst jemandem.

Noch einmal: Diese beiden Elemente sind unverzichtbar. Wenn die nicht sozusagen natürlich in Ihnen gewachsen sind, dann ist der Clan für Sie das falsche Modell. Alles andere können Sie erlernen, trainieren, üben. Leidenschaft und Respekt sollten Sie mitbringen.

Ebenso wichtige, aber durchaus erlernbare Elemente der Clan-Strategie sind etwa die interkulturelle Akzeptanz und die Toleranz. Diese Dinge lassen sich erlernen und trainieren, ebenso wie andere Elemente, die zur Clan-Kultur oder zur Clan-Struktur gehören.

Üben Sie jeden Tag, wie Sie mit den anderen Clan-Mitgliedern des inneren Kreises, den losen Partnern der äußeren Kreise und den Menschen aus anderen Clans umgehen. Ein Beispiel dazu: Richten Sie sich nach demjenigen im Clan, dem es besonders leicht fällt, Kontakte aufzubauen und gute Beziehungen nicht nur zu gewinnen, sondern diese auch langfristig durch Pflege zu erhalten. Beobachten Sie also die anderen und sich selbst. Und experimentieren Sie.

Machen Sie sich immer wieder mit dem – geschriebenen oder ungeschriebenen – Codex Ihres Clans vertraut. Erinnern Sie sich daran, was in Ihrem Clan für den Umgang miteinander formuliert wurde. Ziehen Sie daraus Ihre Schlüsse. Vielleicht wollen Sie ein Büchlein anlegen, in dem Sie Ihre Erfahrungen dokumentieren und reflektieren. Üben Sie den freundlichen, klaren, offenen Umgang mit anderen.

Oder am Beispiel der interkulturellen Akzeptanz: Clans agieren – wie andere Unternehmen auch – heute meist global. Die Welt wächst in einem gewissen Sinne näher zusammen, aber die Sitten und Bräuche von unterschiedlichen Kulturkreisen bewahren eine Andersartigkeit. Trainieren Sie also den Umgang mit anderen Kulturen.

Toleranz allein ist dafür zu wenig. Seien Sie neugierig, blicken Sie hinter die Kulissen. Lernen Sie die Ursachen dieser

Bräuche, dieses Andersseins kennen. Wenn Sie sich mit anderen Kulturen oder Religionen auseinander setzen, erweitern Sie Ihren Horizont und entwickeln größeres Verständnis. Tauschen Sie sich mit anderen aus, die bereits Erfahrungen mit anderen Kulturen haben. Hören Sie Radio, sehen Sie fern, machen Sie sich kundig. Und behalten Sie im Auge, dass ein Mitteleuropäer in Konfliktsituationen vermutlich anders reagiert als ein Inder, ein Afrikaner oder ein Araber. Seien Sie also nicht überrascht, entsetzt, verärgert oder bestürzt, wenn etwas Ungewohntes auf Sie zukommt. Nehmen Sie stattdessen die Unterschiede mit Gleichmut und Freude am Neuen auf.

Oder am Beispiel Toleranz. Machen Sie ein Toleranztraining im Clan. Konfliktherde im Clan entstehen aus dem Fehlen von Klarheit, aus einem Mangel an Toleranz und Verständnis für die Interessenlage des anderen. Damit die vielfältigen Persönlichkeiten im Clan ein abgestimmtes Miteinander leben können, bedarf es der Toleranz. Und die ist erlernbar. Veranstalten Sie Ihr eigenes Clan-Seminar mit Impulsreferaten zu einem Thema, das viele aufregt. Etwa: Rauchen am Arbeitsplatz. Das lässt die Gemüter hochgehen. Militante Nichtraucher begegnen Kettenrauchern, die sich ihre Individualität nicht nehmen lassen wollen. Einer der Nichtraucher sollte eine Brandrede für das Rauchen halten. Sein Gegenpart sollte glaubhaft machen, warum er sich durch Raucher belästigt fühlt. Dieses spielerische Pro und Kontra schult das Verständnis für die Interessenlage des anderen. Wer es gelehrter haben will, kann sich ein Profi-Programm suchen, etwa das Harvard Negotiation Project (www.pon.harvard.edu). Dort wird er die Feinheiten der hohen Schule des Trennens von Problem und Person erlernen.

Trainieren Sie, um ein anderes Beispiel aus der Clan-Strategie auszuführen, wie Sie und Ihr Clan zu den Besten zählen können. Nehmen Sie sich Aufgabenbereiche vor, in denen Ihr Clan besonders gut sein will. Stärken Sie die schon vorhande-

nen Clan-Stärken. Beginnen Sie mit einer kritischen Bestands-
aufnahme. Listen Sie auf, was der Clan besonders gut kann.
Das ist die Basis, auf die Sie dann aufbauen können. Entwerfen
Sie anschließend einen Übungs- und Verbesserungsplan. Den
teilen Sie in Abschnitte, in Meilensteine. Dann beginnen Sie mit
der Verfeinerung und Perfektionierung.

Sie erzeugen landwirtschaftliche Produkte? Sie bauen Wein
an und Obst und Gemüse? Sie züchten Schweine? Sie produ-
zieren Würste und Fleisch? Mehlspeisen und Fruchtsäfte? Sie
führen einen kleinen Bauernladen? Sie beliefern Privatkunden
und Gastronomie? Sie sind mit Ihrem Angebot regelmäßig auf
den besseren Märkten der Großstadt präsent? Und Sie wollen
jetzt einen nächsten Schritt tun? Schauen Sie für einen kurzen
Moment nach Unterretzbach, ins österreichische Weinviertel.
Dort hat die Familie Pollak seit Jahren und Jahrzehnten all das
und noch viel mehr getan.

Im Sommer 2004 haben Sohn Harald und seine Frau Sonja
ein Gasthaus in dem kleinen Ort an der tschechischen Grenze eröffnet, den Retzbacher Hof. Dem Pollak-Clan und dem
Bürgermeister, der die Jungunternehmer in ihren Plänen nach
Kräften unterstützt hat, war eines von Anfang an klar: »Wenn
wir nicht versuchen, die Besten zu sein, dann wird es dieses
Gasthaus nicht lange geben.« Also strebte man danach, weit
und breit die beste Küche, den besten Keller, den besten Service zu bieten.

Und siehe da: Vor kurzem haben die Pollaks mit ihrem Clan-
Konzept Recht bekommen. Mit einer Haube hat der »Gault Mil-
lau« die gastronomischen Bemühungen der jungen Wirtsleute
schon nach dem ersten Jahr ausgezeichnet. Eine Haube, die der
ganze Clan verdient hat. Eine Haube, die ohne Familie, Freunde und Clan nie möglich gewesen wäre. Ein Lohn für das Streben nach dem Besten.

All das kann man lernen. Sie können Ihre Beharrlichkeit trainieren. Sie können Ihren Clan zum Dranbleiben erziehen. Zum Lernen. Zum Lachen. Zum Spaß an der Arbeit. Zur Freude am Team.

Nicht alles läuft von Anfang an in geordneten Bahnen. Wichtig ist da in jedem Fall der Zusammenhalt aller Clan-Mitglieder. Damit der entsteht und wächst, können Sie eine ganze Reihe so genannter Teambuilding-Aktivitäten einsetzen: Veranstalten Sie ein gemeinsames Überlebenstraining, gehen Sie zum Wildwasser-Rafting, drehen Sie einen Film miteinander – der gemeinsame Spaß, die Herausforderung, die Arbeit werden Sie und Ihren Clan stärken. Gehen Sie gemeinsam ins Museum, ins Theater, in die Natur. Tun Sie was – aber tun Sie es gemeinsam.

Bauen Sie Ihr Netz weiter aus. Wenn Sie nach dem Clan-Prinzip netzwerken, dann können Sie Menschen aus der Clan-Peripherie motivieren, in einen inneren Kreis des Clans zu kommen, sich enger mit dem Clan zu verbinden, sich auf die gemeinsame Wertewelt einzulassen.

Das wahllose Sammeln von Visitenkarten ist dazu allerdings nicht geeignet. So schaffen Sie keine Bindung und keine Verbindlichkeit. Wie schon gesagt: es geht um das Feuer der Begeisterung, das auf den anderen überspringen soll, um die Passion. Den Funken müssen Sie in sich tragen. Dass er aber überspringt, das können Sie trainieren: Versuchen Sie es einfach. Überzeugen Sie andere Menschen vom Clan Value.

Nach alledem bleibt eigentlich nur eine grundsätzliche Frage: Sind Sie überhaupt Clan-fähig? Wer sich dafür hält, muss bereit sein, seine eigene Wertewelt zu hinterfragen und zu prüfen, ob sie mit der Wertewelt des Clans kompatibel ist. Fast jeder Mensch, so glaube ich, ist Clan-fähig. Die wenigen Ausnahmen sind die absoluten Einzelgänger, die grundsätzlich mit anderen Menschen wenig Berührung haben möchten.

Die Ausprägungen der Nähe zwischen einem selbst und dem Clan können indes sehr unterschiedlich ein: Der Clan bietet die Möglichkeit einer engeren, aber auch einer losen Bindung. Wer eine starke Rolle im Clan übernehmen will, eine Führungsposition, eine Gestaltungsrolle, der muss sich dem Clan stark verbunden fühlen. In den Spielregeln müssen aber beide Varianten berücksichtigt sein: Der Clan ist umso stärker, je selbstverständlicher er unterschiedlich starke Einbindung zulässt. Man kann dem Clan näher oder weniger nahe sein – solange man zu ihm steht, solange man sich vereinbarungsgemäß verhält, geht das in Ordnung. Kurz: Die Beziehung des Einzelnen zum Clan muss berechenbar sein. Wenn sich jemand nur lose an den Clan binden will, dann darf er sich nicht später immer wieder hineinreklamieren – das würde das Clan-Gefüge empfindlich stören.

Das Mentoring: So fördern Sie den Nachwuchs im Clan.

Damit der Clan nicht in Statik erstarrt, braucht er Nachwuchs. Damit die wilden Triebe der Jungen das alte Mauerwerk des Clans nicht unkontrolliert sprengen, müssen sie über Klettergerüste gezogen, gepflegt, gehegt und mitunter auch zurechtgestutzt werden. Es ist also unumgänglich, die Jüngeren mit den Älteren im Clan zusammenzuspannen, um Kraft, Energie und Unvoreingenommenheit mit Reife und Erfahrung zu koppeln.

Freiheit für die Kinder

HELLER BELEUCHTET

Als Clan, der seinen Nachwuchs fördert, ist mir die Unternehmensgruppe Leier International schon mehrmals aufgefallen. Frühzeitig hat der in der Produktion von Baumaterialien tätige Familienclan aus dem österreichischen Burgenland die Chancen in den neuen EU-Ländern erkannt und entsprechend in den Aufbau interkultureller Beziehungen investiert. Aus einem Kleinbetrieb wurde durch die Pflege dieser Clan-Werte ein Unternehmen mit 2.000 Mitarbeitern und 30 Standorten in Osteuropa. Der Lohn der Mühe: 2005 wurde die Leier Gruppe als eine von »Austria's Leading Companies« in der Kategorie »Big Player« ausgezeichnet.

Friedrich Ebner, geschäftsführender Gesellschafter der Gruppe und Schwiegersohn des Gründers, ist »vom Clan-Virus infiziert« und daher im Umgang mit dem Nachfolge-Thema besonders sensibilisiert:

»Man sollte den Nachwuchs keinesfalls zwingen, in das Unternehmen einzusteigen. Allerdings soll man den Kindern schon in jungen Jahren die Möglichkeit geben, das Unternehmen kennen zu lernen. Sie sollen sozusagen spielend hineinwachsen. Bald wird man spezielle Talente entdecken, die hervorgekehrt und gefördert werden können.

Unsere eigenen Kinder sollen in jedem Fall das machen und lernen, was sie interessiert, was sie gerne tun. Sie sollen nichts wegen Geld machen, Geld ist kein Motivationsgrund. Wenn Kinder ihre Interessen beruflich verwirklichen können, kommt auch der Erfolg und in weiterer Folge auch das Geld.

Gerade bei Unternehmerkindern ist es wichtig, dass man ihnen nicht alles in die Wiege legt. Sie sollen eine Wertschätzung für Dinge entwickeln, also nicht von Geschenken erdrückt werden. Sie sollen lernen, dass man durch Leistung und verantwortungsvolles Handeln all das erreichen kann, was man sich vornimmt.

Wenn die Kinder von sich aus sagen, sie möchten ins Unternehmen einsteigen, sollen sie entsprechend gefördert werden. Sie müssen sich im Unternehmen beweisen und zeigen, dass sie geeignet sind, einmal das Unternehmen zu übernehmen. Wenn es nicht der richtige Weg für sie sein sollte, müssen sie danach trachten, ihre Interessen und Lebensziele außerhalb des Unternehmens zu verwirklichen.«

(Persönliches Interview mit Friedrich Ebner,
Leier Baustoffe, Horitschon)

Damit Sie diesen Prozess einigermaßen geplant einleiten können, will ich Ihnen hier noch kurz zwei brauchbare Instrumente aus der Personalentwicklung vorstellen: das Clan-Mentoring und das Clan-Cross-Mentoring.

Beim Clan-Mentoring werden innerhalb des eigenen Clans ein Mentee und ein Mentor ausgewählt und zu einem Tandem verbunden. Der Mentor (die Mentorin) ist dabei der Erfahrene, der Lehrer, der Ausbildung und Anleitung übernimmt. Der oder die Mentee ist ein junger Mensch, der im Clan gefördert und ausgebildet werden soll. Zwischen beiden – Mentor und Mentee – sollten mindestens 15 bis 20 Jahre Altersunterschied liegen. Von Vorteil ist, wenn sie durch mindestens zwei Hierarchiestufen getrennt sind. Das ist allerdings in vielen jungen, hierarchisch eher flach organisierten Clans nicht immer möglich.

Im Clan-Cross-Mentoring gibt es nur einen wesentlichen Unterschied: Mentor und Mentee sind in unterschiedlichen Clans zu Hause. Dadurch begegnen sich verschiedene Clan-Kulturen – besonders interessant wird es, wenn dabei auch noch nationale Grenzen oder gar Kontinente überwunden werden.

Ob Sie nun einen Mentor mit einer Mentee zusammenspannen, oder eine Mentorin mit einem Mentee – machen Sie es ganz so, wie es allen Beteiligten passt. Es ist ganz spannend, einen Mann und eine Frau in ein Tandem zu bringen, um so ein besseres Verständnis für die Denkweise des anderen Geschlechts zu entwickeln.

Mentee und Mentor agieren weiterhin auch unabhängig voneinander. Allerdings treffen die Tandempartner einander in geplanten Abständen von etwa vier bis sechs Wochen. In diesen persönlichen Gesprächen hilft eine gut vorbereitete Agenda in der Regel beiden Seiten. Wichtig ist allerdings, dass dabei auch Platz für Improvisation und Spontaneität bleibt. Der Mentee geht aus diesen Treffen mit einer klar formulierten Aufgabe wieder zurück in den Clan.

Welche Persönlichkeiten sollten einander beim Mentoring finden? Der Mentor sollte über langjährige Führungserfahrung verfügen und auch innerhalb der Hierarchie sowie in Netzwerken eine einflussreiche Position innehaben. Der Mentee sollte aus dem Goldfisch-Teich des Nachwuchses kommen, also Entwicklungs- und Selbstreflexionspotenzial mitbringen. Mentor und Mentee müssen gleichermaßen Leistungs- und Veränderungswillen zeigen, denn der Prozess des Mentorings initiiert Wandel und Umdenken auf beiden Seiten.

Mentoring ist ein Geben und Nehmen. Auf beiden Seiten entstehen neue Eindrücke, Anregungen zur Selbstbestimmung und Selbstreflexion, und so mancher alte Fuchs hat schon durch den jungen Spund zu neuen, überraschenden Sichtweisen gefunden.

Der Mentor steht dem Mentee beratend zur Seite und hilft, Strategien zur Lösung seiner Aufgabenstellungen zu entwickeln, ohne jedoch sofort eigene Lösungswege zu präsentieren. Er ermutigt den Mentee zur Teilnahme an geeigneten Projekten und bestärkt ihn, Aufgaben wahrzunehmen, die seine Sichtbarkeit im Clan erhöhen. Er spornt ihn an, sich mit dem Clan und dessen Wertewelt intensiv auseinander zu setzen und seinen Beitrag zu der Weiterentwicklung des Clans zu leisten.

Dabei ist es förderlich, den Mentee auch in die Entwicklung eigener Ideen mit einzubeziehen und ihm kritisch-konstruktiv den Rücken zu stärken. Die Aufgabe des Mentors ist es weiters, den Mentee darin zu unterstützen, realistische kurzfristige und langfristige Karriereziele zu formulieren und diese in praxisnahe Teilschritte zu zerlegen.

Der Mentee lernt so die eigenen Kompetenzen und Fähigkeiten zu erkennen und zu entfalten.

Die Dauer eines Mentoring-Prozesses ist im Regelfall auf ein bis zwei Jahre angelegt. In dieser Zeit sollten sich auf beiden Seiten so viele Erlebnisse und Ergebnisse ansammeln, dass der Prozess als ertragreich eingestuft wird. Nutznießer sind aber nicht nur der Mentee und sein Mentor, sondern auch der Clan als solches. Das Clan-Mentoring soll nämlich auch allfällige Bruchstellen im Clan kitten.

Wer sollte nun mit wem zusammengespannt werden?

In einem konträglichen Ansatz legt man es darauf an, dass Unterschiede zu Reibungen, Reibungen zu Konflikten, Konflikte zu Wandel führen. Mentee und Mentor müssen sich gerade in dieser Konstellation durch unterschiedliche Charaktereigenschaften, Denkweisen und Visionen auszeichnen. Dies wird insbesondere beim Clan-überschreitenden Cross-Mentoring der Fall sein.

Wenn der Mentor eine reife Persönlichkeit ist, wird er Konflikte erkennen und adäquat handeln. Der Mentor hat eine besondere Verantwortung dem Mentee gegenüber, dies beinhaltet einen sorgsamen, einfühlenden Umgang, der durchaus auch zu einem Kräftemessen zwischen Mentee und Mentor führen kann, wenn dies für den Wandel und die Persönlichkeitsentwicklung angebracht erscheint. Der Mentor hat viel Macht, daher ist ein verantwortlicher, reifer und sensibler Umgang mit dieser Macht dringend angeraten.

In einem eher fördernden Ansatz wird ein väterlicher Mentor oder eine mütterliche Mentorin mit einem »Sohn« oder einer »Tochter« zusammengespannt. Auch wenn hier keine Blutsverwandtschaft existiert, so entstehen doch auf der Gefühlsebene und für eine gewisse Zeit ähnlich starke Bindungen. Der Mentor muss sich seiner diesbezüglichen Schutzfunktion bewusst sein. Nicht immer ergibt dies eine Paarung, die zu einem Wandel führt. Allerdings ist die hohe Vorbildwirkung des Mentors für den Mentee schon ein Wert an sich. Zu beachten ist dabei allerdings, dass der Ablösungsprozess vom Übervater schwierig werden kann.

In einem partnerschaftlich-kumpelhaften Ansatz wird hingegen ein ewig jung bleibender Mentor als gleichberechtigter Weggefährte mit einem jüngeren Menschen zusammengebracht. Deren Schulterschluss führt idealerweise zu einer Begegnung auf gleicher Ebene. Der Mentee lernt dabei also, sich unter hierarchisch höher stehenden und an Erfahrung reicheren Menschen frei und ungehemmt zu bewegen. So erlebt er den Einstieg in eine neue Verantwortungsebene als einen natürlichen Übergang. Allerdings muss der Mentor darauf achten, dass er die Selbstreflexionsfähigkeit des Mentees ankurbelt und auch selbst von diesem lernt. Als Folge eines solchen Mentoring-Prozesses steht oft die Neupositionierung nicht nur des Mentees, sondern auch des Mentors ins Haus.

Zuletzt noch das Clan-Mentoring-Modell der Seelenverwandtschaft: Mentee und Mentor sind durch diese verbunden, der Mentor sieht sich durch den Mentee in seine Jugendjahre versetzt, der Mentee erkennt im Mentor das erstrebenswerte Ziel im Reifeprozess. Die Charaktere ähneln einander im Temperament und in der Wertewelt. Der Mentor führt den Mentee in die schmerzhaften Erfahrungen seines Entwicklungsprozesses ein, wohl wissend, dass er sie diesem nicht ersparen kann, aber ihn doch darauf vorbereiten und ihm somit Lösungsszenarien an die Hand geben kann. Der Mentor erkennt sich im Mentee wieder. Auch hier ist Sensibilität angesagt, denn der Weg des Mentors kann nicht mehr rückwirkend korrigiert werden und der Mentee ist nicht das Surrogat für die nicht erfüllten Wünsche des Mentors.

HELLER 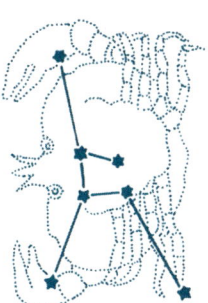 BELEUCHTET

Mein Clan-Mentoringprozess

Ich selbst bin derzeit die Mentorin meiner Nichte Katharina. Der Prozess ist nicht abgeschlossen, sondern noch immer voller Dynamik.

Katharina hat nach dem Studium der Rechtswissenschaften gerade ihre Anwaltsprüfung absolviert. Sie ist eine selbstbewusste junge und attraktive Frau. Und sie ist ehrgeizig. Sie will Karriere als Rechtsanwältin machen. Wir sind beide *Krebsgeborene*, aber nicht nur das schmiedet uns zusammen. Katharina hat eine kraftvolle Persönlichkeit, bisweilen will sie mit dem Kopf durch die Wand. Aber sie hat gleichzeitig eine einfühlsame Ader und viel Charme, der ihr in ihrem Beruf durchaus zupass kommt. Ihre Karriereziele sind zwar definiert, aber die Wege dorthin sind noch im Nebel verborgen. Sie weiß um die Qualität ihrer Leistung, die sie selbstständig und mit viel persönlichem Engagement erbringt.

Unsere Aufgabe im Mentoringprozess sehe ich darin, den Nebelschleier schrittweise zu lüften, um die Wege erkennen zu können, die Katharina ihren Zielen näher bringen. Gemeinsam müssen wir erreichen, dass ihr Verständnis für die Zusammenhänge des Wirtschaftslebens geschärft wird. Dass sie das Zusammenspiel von Angebot und Nachfrage, von Marketing und persönlicher Vermarktung, von Leistungswille und Leistungsbereitschaft erkennen lernt.

Einer gemeinsamen Standortbestimmung als Ausgangsbasis folgt das Ausarbeiten von Begleitmaßnahmen des Mentoringprozesses. Noch fehlt ihr etwa die Sicherheit in der Anwendung des fachlichen Wissens, im Erkennen menschlicher Stärken und Schwächen, im Positionieren ihrer persönlichen Fähigkeiten im Wirtschaftsgefüge. Auch die Frage der Work-Life-Balance muss angesprochen werden. Die Analyse der potentiellen Zielgruppen ihrer anwaltlichen Tätigkeit ist eine Aufgabe, die jetzt – nach dem Absolvieren der Anwaltsprüfung – ansteht.

Katharina hat das Zeug, einst als Clan-Nachfolgerin in dem Teilclan meiner Schwester Lolo und meines Schwagers Wolfgang zu wirken. Sie muss daher heute schon selektieren, das Szenario ihrer Zukunft durchdenken, dann ihre Visionen niederschreiben und erst nach der Abrundung im Kopf die nächsten Schritte planen. Viel Arbeit steht ihr bevor. Und mir als Mentorin auch, denn meine persönliche Befindlichkeit, meine eigenen Wunschvorstellungen, meine Visionen und meine unerfüllten Sehnsüchte haben in diesem Prozess keinen Platz. Auch ich werde lernen und mich weiterentwickeln, wie ich das schon mit anderen Mentees getan habe.

Der gegenseitige Prozess des Loslassens ist das Ziel dieses Tandems, das Akzeptieren der Vergangenheit als Lebensschule.

Anhang

Der Mut- und Muntermacher für den Clan: In zügigen Schritten aus der Krise.

Es gibt sie. Und zwar immer wieder. Die Augenblicke, in denen sich Zweifel im Kopf festsetzen. Die Augenblicke, in denen man ein Flattern im Bauch verspürt. Die Augenblicke, in denen die Angst die Seele aufzufressen droht. Die Augenblicke, in denen der Clan Ihnen gar als Last erscheint. Jawohl, all das gehört dazu. All das ist Teil des Pakets.

Aber halt: Eben weil das nur Augenblicke sind, gehen sie wieder vorüber. Damit Sie, liebe Leserin, und Sie, verehrter Leser, für solche Momente gewappnet sind, gebe ich Ihnen hier noch ein paar Tipps an die Hand. Holen Sie tief Luft. Füllen Sie Ihre Lungenflügel. Und legen Sie los:

1 **Schritt Eins.** Sie stehen zu Ihrem Clan. Koste es, was es wolle.

Glauben Sie an Ihre Idee. Mehr als alle anderen das tun. Leben Sie Ihre Passion und Ihre Leidenschaften aus. Hätscheln Sie Ihre Clan-Idee. Lassen Sie sich von Ihrer Idee entflammen. Und lassen Sie sich durch niemanden von dieser Idee abbringen. Besserwisser gibt es immer und überall. Mit denen werden Sie schon fertig. Behalten Sie Ihr Ziel im Auge. Ihre Idee ist gut. Cool. Toll. Top. Sie haben sich nun dafür entschieden, jetzt ziehen Sie es auch durch. Es lohnt sich.

2 **Schritt Zwei.** Sie vertrauen Ihrem Bauch.

Lernen Sie Ihre Gefühle und sich selbst kennen. Schärfen Sie die Wahrnehmung, die Sie von sich selbst haben. Stehen Sie zu Ihrer Intuition – in fast allen Fällen wird sie Ihnen den richtigen Weg weisen. Betrachten Sie Ihre Erfahrung als den größten Schatz. Stimmen Sie Körper, Emotionen und Verstand (als Erkennen der Konsequenzen) aufeinander ab. Lassen Sie Ihren Bauch reden – er sagt Ihnen, wo es lang geht.

3 Schritt Drei. Sie denken und formulieren positive Ziele.

Gedanken schaffen Ergebnisse und lösen Reaktionen aus. Taten folgen den Ideen. Denken Sie also in positiven Dimensionen. Wenn Sie entsprechende Resultate wünschen, dann müssen Sie das auch ausstrahlen. Wenn Sie feststellen, dass sich negative Gedanken einschleichen, dann nehmen Sie diese zur Kenntnis – und schieben sie gleich wieder zur Seite. So programmieren Sie sich auf das positive Denken um. Limitieren Sie sich nicht durch die negative Seite Ihrer Gedanken. Erweitern Sie Ihren Handlungsspielraum, indem Sie an schöne, erfolgreiche, erfüllende Ergebnisse denken. Stellen Sie sich vor, wie Ihr Clan sich entwickelt, blüht und gedeiht. Sie haben das verdient.

4 Schritt Vier. Sie machen Tabula Rasa.

Machen Sie reinen Tisch, wenn es Ihnen nicht gut geht. Im Beruf. Und zu Hause. Es gibt Zeiten, da ist das Loslassen besonders wichtig. Wenn Sie Platz machen, ist wieder Raum für Neues da. Das beginnt bei den Gedanken.

Nicht immer können wir Gedanken so steuern, wie wir wollen: Nehmen Sie Ihren Schreibtisch, Ihren Kleiderschrank, Ihre Sportausrüstung als Metapher und misten Sie kräftig aus. Und dann setzen Sie mit Ihren Gedanken und Gefühlen fort.

Schauen Sie, dass Sie die »räuberischen Unerledigten« loswerden. Das sind – wie ich von Wolf Lasko gelernt habe – Menschen, Situationen, Gedanken, die Sie über Gebühr strapazieren, die Ihre Batterien leer saugen.

Ein Beispiel? Sie haben seit Jahren ein Problem mit einem ehemaligen Clan-Mitglied, schon der Gedanke an diesen Menschen kostet Sie Energie. Sie können sich nun entweder endlos den Kopf zerbrechen, was damals schief gelaufen ist. Sie können aber genauso gut einen Schnitt machen: Lösen Sie das Problem. Vielleicht auch durch einen Abschluss: Lassen Sie los. Wagen Sie es: Listen Sie die räuberischen Unerledigten auf. Und lassen Sie sie los.

5 **Schritt Fünf.** Sie drücken aus, wer Sie sind.

Teilen Sie sich in jener Dimension mit, in der Sie auch fühlen. Drücken Sie aus, wer Sie sind. Sagen Sie es. Zeigen Sie es. Nur so werden Sie authentisch. Ihr Selbstausdruck fördert Ihre Selbsterkenntnis und Ihr Selbstvertrauen.

Hinterfragen Sie sich. Achten Sie darauf, wie Sie sich mitteilen. Und was Sie dabei empfinden.

Wenn das klappt, dann können Sie auch anderen sagen, was Sie denken. Wenn Sie der Meinung sind, etwas oder jemand passt nicht zum Clan, dann sprechen Sie das auf dieser Basis klar aus. Auch wenn ein Sprichwort sagt: »Reden ist Silber, Schweigen ist Gold« – kümmern Sie sich nicht darum. Geheimniskrämerei hilft weder Ihnen noch Ihren Clan-Mitgliedern. Kommunizieren Sie. Aber schwätzen Sie nicht.

6 **Schritt Sechs.** Sie stehen zu Ihrem Wort.

Sie sind hin und her gerissen, weil Sie Ihr »Clan-Wort« gegeben haben und nun nicht sicher sind, ob Sie es halten können? Stehen Sie trotzdem dazu. Anschließend können Sie mit dem Menschen, dem Sie das Versprechen gegeben haben, Ihre Bedenken abklären. Sagen Sie rechtzeitig, wenn etwas nicht geht. Stecken Sie nicht den Kopf in den Sand. Auch wenn das einmal wehtun sollte – denken Sie daran: Es ist nur Schmerz. Und der vergeht.

7 Schritt Sieben. Sie motivieren sich selbst.

Niemand kann Sie so motivieren wie Sie sich selbst. Nehmen Sie die kleinen Erfolge genauso wahr wie die großen. Leben Sie hier und jetzt, nicht in der Vergangenheit, nicht in der Zukunft. Das Heute ist entscheidend, auch als Basis für das Morgen. Und morgen ist die Zukunft schon ein Heute. Wenn Sie motiviert sind, können Sie auch andere begeistern. Das ist wichtig im Clan. Und es geht leichter im Clan.

8 Schritt Acht. Sie teilen Ihre Erfolge mit anderen.

Geben ist seliger denn Nehmen. Geteiltes Leid ist halbes Leid. Geben Sie von den positiven Resultaten etwas ab. Seien Sie ja nicht geizig. Seien Sie großzügig. Sie bekommen im Gegenzug sehr vieles von Ihrem Gegenüber. Seien Sie ebenso großzügig, wenn es um Zweifel geht: Sie sind kein Roboter, Sie sind ein Mensch. Sie dürfen bedrückt sein, zweifeln, sich fürchten. Ihr Clan wird Sie besser verstehen, wenn Sie nicht immer nur stark sind. Geben Sie anderen die Möglichkeit, Sie zu unterstützen. Nehmen Sie Hilfe an. Teilen Sie Ihre Sorgen mit anderen im Clan.

9 Schritt Neun. Sie lachen über sich selbst.

Sie machen sich Sorgen, dass Sie es nicht schaffen könnten? Lachen Sie solche Sorgen einfach weg. Das geht besser, als Sie glauben. Denken Sie an etwas Lustiges, lassen Sie ein herzhaftes Lachen zu. Das entspannt. Wenn Ihnen das nicht gelingt, schreiben Sie sich in einen Lachclub ein: www.yogalachen.de.

10 Schritt Zehn. Sie haben Vertrauen.

Vertrauen Sie auf Ihren Clan. Auf seine Stabilität. Und auf Ihre Fähigkeiten. Den Clan und Sie verbindet ein festes Band. Kultivieren Sie dieses unerschütterliche Vertrauen. »Zwei Dinge verleihen der Seele am meisten Kraft«, wissen wir von Seneca: »Vertrauen auf die Wahrheit und Vertrauen auf sich selbst.« Leben Sie dies.

11 Schritt Elf. Sie loben die anderen. Und auch sich selbst.
Loben Sie andere Menschen. Für das, was sie tun. Für den
Clan. Für die Gemeinschaft. Für den Erfolg des Unternehmens.
Heben Sie andere in den Himmel. So schaffen Sie die Basis für
Höchstleistungen. Wenn es Ihnen selbst nicht gut geht, verges-
sen Sie nicht, den Menschen zu loben, der Ihnen am nächsten
steht: sich selbst. Sie haben Ihre Sache sicherlich bestmöglich
gemacht. Sie zeigen atemberaubende Fähigkeiten. Sie haben
sich angestrengt. Sie haben sich um die anderen bemüht. Jetzt
wird es Zeit, dass Sie selbst in den Spiegel schauen und sich
Lob aussprechen. »Eigenlob stimmt« – hat Sabine Asgodom ein
Buch genannt, das 1996 im Econ-Verlag erschienen ist. Lesen
Sie es. Handeln Sie danach. Das wird Ihnen gut tun.

12 Schritt Zwölf. Sie feiern.
Feiern Sie nicht nur Ihre Erfolge. Auch Ihre Misserfolge sind
es wert, zelebriert zu werden – denn nach einer Niederlage geht
es wieder aufwärts. Ein Misserfolg ist ein Abschiednehmen, ein
Neubeginn für eine nächste, für eine reifere Phase. Jeder Fehler,
den Sie gemacht haben, ist ein Schritt auf dem Weg zu Ihrer Voll-
endung. Irrtümer gehören zur Evolution und zum Leben – die
Natur korrigiert immer wieder. Haben Sie keine Angst davor,
denn Fehler sind notwendig für die Weiterentwicklung. Also
zelebrieren Sie auch den Nicht-sofort-Erfolg.

13 Schritt Dreizehn. Sie hören anderen zu.
Öffnen Sie das Ohr für die Probleme der anderen. Urteilen
Sie dabei nicht, sondern nehmen Sie diese Sorgen wahr. Das re-
lativiert Ihre Position und schafft Ihnen die Möglichkeit, für die
anderen ein wichtiger Gesprächspartner, ein unverzichtbarer
Freund, ein Fels in der Brandung zu sein. Beim Zuhören setzen
Sie auch Ihren Bauch in Betrieb und empfinden in sich hinein,
was dabei in Ihnen abläuft.

14 Schritt Vierzehn. Sie geben sich der Musik hin.

Wenn Sie nicht richtig weiterkommen, kann die richtige Musik nicht nur Katalysator sein, sondern auch ein Antrieb. Ein Motor für Ihr Fortkommen. Eine Exitstrategie, wenn Sie im Kreis gehen. Nutzen Sie das Mozartjahr: Entspannen Sie sich, gehen Sie mit Ihrer Phantasie auf Reisen, aktivieren Sie Lernprozesse. Mozart hilft Ihnen.

15 Schritt Fünfzehn. Sie gehen in die Natur hinaus.

Atmen Sie gut durch. Lassen Sie sich durch die Natur stimulieren. Öffnen Sie Ihre Augen. Auch wenn das Wetter trüb sein mag. Genießen Sie das, was uns alle umgibt. Schärfen Sie Ihre Wahrnehmung. Sehen Sie das Schöne, das Bunte, das Edle. Freuen Sie sich. Und erfreuen Sie sich. Auch Ihres Daseins.

16 Schritt Sechzehn. Sie lesen.

Verstehen Sie Bücher als Freunde. Vertrauen Sie ihnen. Schmökern Sie. Gönnen Sie sich diese Muße. Holen Sie Kraft, Tipps und frische Ideen aus Ihren Büchern. Die folgenden Titel haben mich beim Zusammenstellen dieser Tipps angeregt. Und sie werden hoffentlich auch Ihnen weiterhelfen. Und den einen oder anderen der 16 Schritte leichter machen.

- Maja Storch: Das Geheimnis kluger Entscheidungen, Goldmann, München 2000
- Wolfgang W. Lasko: Personal Power – Mut zum Handeln, Goldmann, München 1998
- Sabine Asgodom: Eigenlob stimmt, Econ, Düsseldorf 1996
- Viktoria Kickinger: Danke für die Krise, Echomedia, Wien 2004

Eine anregende Liste von Musikstücken finden Sie in:

- Colin Rose, Malcolm J. Nicholl: Der totale Lernerfolg, mvg, Landsberg 1998

Das Clan-Alphabet.

Agnelli-Clan, der. Gianni Agnelli, der Gründer dieses berühmtesten italienischen Industrie-Clans, ist auch nach seinem Tod noch allgegenwärtig: Bei den Olympischen Winterspielen von Turin etwa trägt die Slalom-Piste von Sestriere seinen Namen. Kein Wunder – der Fiat-Gründer hat die Ski-Retorten-Stadt in den 1930er Jahren groß gemacht. Derzeit sind seine Enkel in den Schlagzeilen: John Elkann als große Hoffnung des Automobilkonzerns und als Kronprinz der Sippe; sein Bruder Lapo mit einer Kokainvergiftung.

Buckyballs, die. Benannt nach ihrem Erfinder, dem amerikanischen Architekten und Designer Richard Buckminster Fuller (und daher auch Fullerens genannt). Ihrer Struktur wegen erinnern die Buckyballs an genähte Lederfußbälle. Der Name bezeichnet eine spezielle Form von Kohlenstoff, deren Atom-Struktur den von Buckminster Fuller geschaffenen, legendären Kuppelbauten ähnelt: Im typischen Fall sind mindestens 60 solcher Atome in einem dreidimensionalen Netzwerk durch feine Linien miteinander verbunden. Eine solche Buckyball-Struktur ist auch dem Clan eigen: die Clan-Mitglieder sollten in unterschiedlichen Ausprägungen und Bindungsstärken dreidimensional untereinander vernetzt sein. So lassen sich einerseits Potenziale und Synergien optimal nutzen; andererseits sind dadurch aber auch Hierarchien und Organisationsformen übersichtlich aufzubauen.

Clan, der. Es gibt ihn in Denver, wo er in Öl macht. Und in Sizilien, wo er übel beleumundet ist. Ursprünglich wurde der Begriff ausschließlich für schottische Familienverbände verwendet. Ganz allgemein beschreibt er einen Nachkommenverband gemeinsamer Abstammung. In der Anthropologie werden kleinere, auf Verwandtschaft beruhende Verbände als Clan bezeichnet. Die nächstgrößeren Einheiten wären etwa der Stamm oder die Ethnie. Wir verstehen ihn hochaktuell als alternative Organisationsform in Zeiten zerbröckelnder Familien- und Wirtschaftsstrukturen: Wo die genetische Familie oft nicht mehr hält, was sie einst versprochen hat, bieten sich die geistes- oder wahlverwandten Mitglieder eines selbst geschaffenen Clans als Support Group an. Wem das Dasein in der Ich-AG zu egozentrisch, zu einsam, zu riskant ist, dem eröffnet sich mit dem Clan-Konzept ein Universum neuer Verwandtschaften.

Clan Value, der. Seit bald zwanzig Jahren verflicht Elisabeth Heller ihre leibliche Familie, ihr Unternehmen, die diversen Stränge ihres Freundeskreises und ihrer Geschäftspartnerschaften in den Heller-Clan. Die Tatsache, dass der Wert dieses Flechtwerks signifikant höher liegt, als die Summe der einzelnen Teile vermuten ließe, beschreibt sie als Clan Value. Den Clan Value erfahren die Clan-Mitglieder auf unterschiedlichen Niveaus als Bereicherung: in Form höherer Lebensqualität, durch eine erhöhte Jobsicherheit und ganz direkt als wirtschaftlichen Erfolg.

Denver Clan, der. Die US-TV-Serie hat längst Kultstatus erreicht. In 219 Episoden kämpfen die Ölfirmen Denver Carrington und Colbyco um die Vorherrschaft auf dem Markt. Dabei zeigen Blake Carrington, Krystle, Alexis & Co., wie man den Clan immer wieder hart auf die Probe stellt: Blake heiratet seine ehemalige Sekretärin, seine Tochter Fallon hat Sex in der Garage, Alexis sitzt mit einem weißen Pelz im Bett und streitet ab, dass Blake der Vater ihrer Tochter ... Wenn er das nur aushält, der Clan.

Erfolg, der. Darunter ist nicht in erster Linie die Maximierung des Gewinns zu verstehen, sondern die Verwirklichung einer Lebensidee. Das Realisieren einer eigenen Wertewelt. Ein Beispiel: Im Heller-Clan haben wir uns darauf geeinigt, dass zur Verbesserung der internen Kommunikation und auch zur Beziehungspflege gemeinsam zu Mittag gegessen wird. Heller Consult kommt selbstverständlich für die Kosten dieser Essen auf. Würde die Gewinnmaximierung als Erfolgskriterium im Vordergrund stehen, dann würde dieser Ausgabenposten schnell gestrichen. Dass es ihn immer noch gibt, verbucht die Führung des Heller-Clans in der Rubrik Erfolg.

Familienbetrieb, der. Lange Zeit in seinem Wert unterschätzt, jetzt dank zahlreicher Image-Initiativen wieder obenauf. Familienbetriebe sind im Grunde unersetzbar, denn sie beschäftigen die meisten Lehrlinge, bieten am meisten Arbeitsplätze, melden die meisten Patente an, bekommen nur wenig Subventionen. Immerhin widmen ihm inzwischen zahlreiche Forschungseinrichtungen ihre ungeteilte Aufmerksamkeit, etwa das Family Business Center in St. Gallen. Und Claudia und Hans-Günther Schlembach erklären in ihrem gleichnamigen Buch fundiert, »Wie Familienunternehmen die Zukunft meistern können« (Berlin, 2004).

Feste, die. Gehören zum Clan wie das Salz zur Suppe. Ein besonders imposantes Clan-Fest ist das Panuohonot, das jährliche Schweinefestival auf Chowra auf den Nikobaren. Die abgeschiedene Inselgruppe im Indischen Ozean wurde vom Tsunami im Dezember 2004 so furchtbar getroffen, dass viele

Bräuche und Kulturtechniken dem Untergang geweiht sind. Gegen dieses Vergessen kämpft der in Wien lebende indische Humanökologe Simron Jit Singh mit einem wundervollen Buch an: »Die Nikobaren. Das kulturelle Erbe nach dem Tsunami«, Wien, 2005. Singh hat als einziger Forscher auch das Schweinefestival dokumentiert: Jeder der fünf auf Chowra beheimateten Clans richtet abwechselnd einmal im Jahr das drei Wochen andauernde Fest aus. 300 Schweine werden im Lauf der Feierlichkeiten zu Tode gebracht – zu Ehren und zum Gedenken an die Vorfahren. Selbstverständlich wird rund um die Uhr getanzt, gesungen, getrunken. Nehmen Sie sich ein Beispiel.

Freund, der. Klar unterscheiden Mafia-Clans wie der von Tony Soprano zwischen Freund und Freund. Da gibt es einmal jene, die Soprano als »unsere Freunde« bezeichnen würde: Sie gehören zur Familie, zum Clan. Ganz anderes ist gemeint, wenn er jemanden als »einen Freund« vorstellt. Den kennt er, aber er bürgt nicht für ihn.

Freundin, die. Als Clan-Chefin sind Sie auf die enge Freundin angewiesen. Im Heller-Clan sind dies für mich Viktoria Kickinger und Renate Weber. Die Erste spornt mich notfalls dazu an, bei übertrieben philanthropischen Reaktionen die rosarote Brille abzunehmen. Die Zweite mildert mit feiner, sensibler Bedachtsamkeit meine oft sehr direkte Art als Clan-Chefin. Beide stärken mich also genau da, wo ich ihre Stärke brauche. Ob die Freundin auch ein Freund sein kann, liegt in Ihrem Ermessen; wichtig ist nur, dass diese Rolle ideal besetzt ist.

Gabe, die. In vielen Kulturen kommen Verträge durch den Austausch von Geschenken zustande. Diese Gaben sind theoretisch freiwillig, müssen de facto jedoch immer erwidert werden. Marcel Mauss widmet seine gleichnamige Studie aus dem Jahr 1925 vor allem der Verpflichtung, das Geschenk zu erwidern. Siehe dazu auch die Einträge unter → Fest und → Potlach.

Hierarchie, die. Braucht jeder Clan. Ist kulturabhängig ausgeprägt. Manchmal eher flach, etwa in den Start-up-Clans der IT-Branche. Dann wieder recht deutlich, wie in den diversen Mafia-Clans: In der japanischen Yakuza steht der Oyabun, der Vater, an der Spitze. Untergeordnet sind Kyodai, die Brüder, und Wakashu, die Kinder. Ähnlich in Amerika: An der Spitze eines Mafia-Clans gibt der Boss (in Italien: Don) den CEO; unter ihm dient der Underboss; so genannte Capos führen einzelne Crews und der Consigliere wird als enger Vertrauter der Familie bei allen heiklen Entscheidungen konsultiert. Das Top-Management des Clans wird, wie in der Politik, Administration genannt.

Irische Clann, der. In der gälischen Kultur hat das Wort Clann eine andere Bedeutung als der schottische Clan: Zugehörige dieser irischen Clanns verfolgen ihre Herkunft sowohl über die weiblichen als über die männlichen Linien. Der Clann umfasst damit also all jene, die von einem Stammvater des Clanns abstammen. Das hat zur Folge, dass ein Mensch mit mehreren Clann-Zugehörigkeiten durchs Leben geht – er gehört zu all jenen Clanns, denen sein Vater angehört. Und ebenso zu jenen der Mutter.

Jaqi, die. Volk in den Anden; lebt im Matriarchat. Der Ehepartner wird nicht Clan-Mitglied; obwohl beide Eheleute Mitglieder der Familie ihrer Kinder sind. Die Frau schuldet dem Clan ihres Mannes Arbeit und Rücksicht, denn er gab ihr ein produktives Familienmitglied, berichtet die Linguistin Martha James Hardman. Doch auch der Mann, so Hardman weiter, »schuldet (…) dem Clan seiner Frau für den Verlust eines produktiven Familienmitglieds. Beide können auf ihre Clans zurückgreifen, wenn sie Hilfe brauchen, um z.B. ein Fest zu veranstalten oder Felder zu bewirtschaften. Das Verb ›helfen‹ basiert in allen drei Jaqi-Sprachen auf dem Wort für Kamerad. Yanhshutma, das heißt ›hilf mir‹, bedeutet buchstäblich ›komm und sei mein Kamerad‹. Kameradschaft ist nichts anderes als Hilfe.« (Quelle: http://matriarchat.net)

Jobarteh. Namhafte Griot-Familie in Gambia. Die Griots, Musiker und Geschichtenerzähler, überliefern die Kultur des westafrikanischen Stammes der Mandika. Der Münchner Musiker Werner Sturm verdankt der Griot-Familie Jobarteh seine Ausbildung und seinen neuen Namen: Als Jobarteh Kunda – mit dem Clan der Jobartehs also – ziehen er und seine Musikertruppe durch die Welt. Besonders empfehlenswert ist die CD »Ali Heja«.

Kandahar. Schuhmacher-Clan aus dem Berner Oberland. Weltbekannt durch seine Après-Ski-Reißverschluss-Stiefel, die mittlerweile in eine moderne Vintage-Version (»Eine schöne Art der Fortbewegung«) weiterentwickelt wurden. Das Unternehmen wird nach den Prinzipien des Clan Value geführt, die Stiefel wurden zum Kultobjekt. Gegründet wurde das Unternehmen vor fast achtzig Jahren vom Skilehrer Fritz von Allmen, heute wird die Schuhmanufaktur Kandahar von Dieter und Konstanze von Allmen den Clan-Prinzipien entsprechend geführt. Man betont die eigene Wertewelt sowohl durch die Produkte als auch im Unternehmen. Man nimmt die soziale Verantwortung für das Umfeld und die Mitarbeiter ernst. Man pflegt enge Beziehungen auch zu ehemaligen Mitarbeitern, von denen nicht wenige wieder in den Kandahar-Clan zurückkehren.

Kreise, die. Eigentlich das Organigramm eines Clans. Im Zentrum steht die Clan-Chefin, die im ersten Kreis die engsten Clan-Mitglieder und die wichtigsten Clan-Funktionen um sich schart. Wie bei den Ringen eines Baumstamms werden die Kreise mit größerer Entfernung vom Zentrum immer heller – in der Peripherie ist der Clan weniger dicht besetzt, weil mehr Platz zur Verfügung steht.

LAN-Party, die. Das Local Area Network wird als Computer-Netz vor allem auch zum Spielen genutzt. Entstanden Mitte der 1990er Jahre, als es erstmals möglich wurde, die Mehrspieler-Technik zu nutzen, sind die LAN-Partys heute mitunter öffentliche Großveranstaltungen, bei denen mehrere tausend Teilnehmer mitspielen. Häufig spielen dabei auch Teams – so genannte Clans – gegeneinander. (Siehe auch unter → Swiss Patriots)

M.A.C.H.T.-Protokoll, das. Analysetool von Heller Consult für die Standortbestimmung und Eignung eines Unternehmens als Clan. Ein Basisinstrument für die Navigation in Richtung Clan. Das kokette Spielen mit dem Begriff »Macht« passiert nicht willkürlich, sondern regt an, die hellen und die dunklen Seiten der Macht zu reflektieren. Zusätzliche Informationen finden Sie unter www.clanvalue.com.

Machtinsignien, die. Die schottischen Clans wussten ganz genau um die Bedeutung ihrer Burg – sie war nicht nur als Abschreckung nach außen und Wall gegen Angriffe wichtig; den Angehörigen des Clans symbolisierte sie ebenso Kraft, Stärke und Sicherheit. Auch der Tartan, die Farbkombination des Clans und das Wappen spielen eine wichtige Rolle bei der Identitätsbildung. Entsprechend muss auch heute jeder Clan-Führer darauf bedacht sein, dass er seinem Clan mit allen verfügbaren Mitteln den nötigen Rückhalt – etwas pathetischer formuliert: eine Heimat – schafft.

Neid, der. Mitleid bekommt man geschenkt, aber Neid muss man sich verdienen, hat Robert Lembke (*Was bin ich?* www. zit.at) gesagt. Daran sollten Sie unbedingt denken, wenn Ihr Clan der Vetternwirtschaft geziehen wird.

Offen. Wir sind offen, heißt es, wenn ein Mafia-Clan Zuwachs sucht, wenn eine Clan-Erweiterung ansteht.

Otori, Clan der. Romantrilogie aus der Abteilung Fantasy. Geschrieben von der Australierin Gillian Rubinstein alias Lian Hearn, wurde die Geschichte aus dem mythologischen Japan des 15. Jahrhunderts mittlerweile in dutzende Sprachen übersetzt. Im Deutschen sind die drei Bände unter den Titeln *Der Pfad im Schnee*, *Der Glanz des Mondes* und *Das Schwert in der Stille* erfolgreich. »Takeo hat schon viel mitgemacht in seinem Leben. Aus heiterem Himmel haben Angehörige des Clans der Tohan seine ...«, so viel versprechend werden die Otori-Romane (Hamburg, 2004) angepriesen.

Partner, der. Nicht nur in den Mafia-Clans werden sie Associates genannt. Hierzulande handelt es sich um Gesellschafter, Teilhaber oder einfach nur Kollegen. Ohne ihre Loyalität geht im Clan gar nichts.

Potlach, der (auch Potlatsch oder Potlatch). Bei diesen Festen verteilt der Gastgeber in der Hoffnung auf Gegengaben seine Geschenke. Weil diese in erster Linie den Reichtum des Gastgebers dokumentieren und seine soziale Stellung stärken sollen, kommt es dabei oft zu demonstrativer und scheinbar sinnloser Vernichtung von Gütern. Die Indianer-Clans im Nordwesten Amerikas haben diesbezüglich wohl am eindrucksvollsten vorgeführt, was im Umgang mit anderen wichtig ist: das Geben, das im Handelsjargon der Chinook-Indianer eben potlach heißt.

Quandts, die. Deutsche Industriellen-Dynastie; maßgeblich am Autokonzern BMW sowie am Pharma- und Chemiekonzern Altana beteiligt; »gehört zu den reichsten Clans in diesem Land« (*Süddeutsche Zeitung*, 16. 8. 2005).

Ringe, das Buch der fünf. Das Standardwerk zur strategischen Kriegsführung wurde von einem der berühmtesten japanischen Samurais, dem legendären Schwertkämpfer Miyamoto Musashi verfasst und wird heute auch gerne als Strategie-Lehrbuch für Manager gelesen. Musashis Familie folgte dem Harima-Clan, er selbst kämpfte von 1615 bis 1627 auf Seiten des Ogasawara-Clans, wo er auch sein Zwei-Schwerter-System perfektionierte: »Wahr ist, dass man alle Waffen, die man besitzt, gebrauchen sollte, statt sein Leben wegzuwerfen. Zu sterben, mit einer unbenutzten Waffe in seinem Gürtel, das wäre bedauerlich.«

Sopranos, die. Ein Boss in der Midlife-Crisis geht zum Psychiater – so schön normal kann es auch zugehen in den Mafia-Clans von New Jersey. Inzwischen hat die US-Fernsehserie eine ganze Industrie zum Nachdenken über den Clan motiviert: Kochbücher (»The Sopranos Family Cookbook«, New York 2002), Sammlungen zeitloser Weisheiten (»The Tao of Bada Bing«, New York 2003) und sogar ein halbes Dutzend Wirtschafts-Ratgeber (»Tony Soprano on Management«, New York 2004) sind im Sog des Fernseherfolgs entstanden.

Swiss Patriots, die. Zusammenschluss von Computer-Spielern, die bei Wettbewerben im Internet oder auf LAN-Partys als Gruppe teilnehmen. Die Homepage der Swiss Patriots – Clan-Page genannt – ist die Schnittstelle für alle Spieler des Clans. Das Reglement der Swiss Patriots fordert im §1 »Spaß und Zusammenleben: Es sollte jeder Spaß am Spielen haben und sich mit den übrigen Membern gut verstehen können. Bei Meinungsverschiedenheiten wird der Leader beigezogen.« Unter §3 heißt es: »Teamplay: Bei uns steht Teamplay und Zusammengehörigkeit im Vordergrund, nicht das Ergebnis des Einzelnen.« Und unter §7: »Einhalten der Regeln: Wer die Regeln nicht einhält, mehrfach bricht oder seinen Pflichten gegenüber dem Clan oder den Mitgliedern nicht nachkommt, wird ausgeschlossen. Die letzte Entscheidung hat im Streitfall der Clanleader.«

SWOT-Analyse, die. Bewährtes Analyseinstrument zur Evaluierung der Position eines Unternehmens im internen und externen Kontext. Zeigt die Stärken (Strenghts) und die Schwächen (Weaknesses) im eigenen Bereich (Strategie, Struktur, Kultur, Produkte, Mitarbeiterpotenziale, Finanzkraft, Reserven) sowie die Chancen (Opportunities) und die Bedrohungen (Threats) im äußeren Umfeld (Markt, Mitbewerber, Trends, wirtschaftliche Lage) auf. Hat nichts mit dem englischen Verb »to swot« (büffeln, pauken) oder dem Begriff »the swot« (Streber) zu tun, obwohl eine fundierte SWOT-Analyse schon einiges an Zeit und Engagement erfordert. Zusätzliche Informationen finden Sie unter www. clanvalue.com.

Taittinger. französische Champagner-Dynastie, die zu den erfolgreichsten Familienunternehmen Frankreichs zählte. »Wären die Taittingers Amerikaner, ihre Geschichte wäre womöglich längst verfilmt worden«, schrieb die *Süddeutsche Zeitung* über den »weitverzweigten Clan«. Und weiter: »Die Familie ist eine Art Denver-Clan aus Reims. Märchenhafter Aufstieg, sagenhafter Reichtum, schöne Frauen, politische Ambitionen, ja, Streit und Zerwürfnis – alles, was das Publikum begehrt. Und jetzt das Ende der Dynastie, das Ende eines der letzten großen Familienunternehmen Frankreichs. Die Familie hat den Ausstieg gewählt, sie will Kasse machen.« Im Sommer 2005 wurde die Groupe Taittinger vom amerikanischen Finanzinvestor Starwood Capital gekauft – das traurige, aber vermutlich ertragreiche Ende eines Clans.

Ullsteinroman, der. Von der Geschichte der deutsch-jüdischen Verlegerfamilie Ullstein hat sich Sten Nadolny zu diesem Clan-Roman inspirieren lassen. »Durchschossen hat Nadolny seine Erzählung mit biographischen Portraits der wichtigsten Protagonisten«, schildert die *Süddeutsche Zeitung* vom 6. 10. 2003 sein Unterfangen: »Sie schaffen Übersicht im Gestrüpp des Stammbaumes dieses äußerst kinderreichen Clans.«

Visionen, die. Wer die hat, so ein ehemaliger österreichischer Bundeskanzler (Franz Vranitzky), müsse zum Arzt gehen. Wahr ist vielmehr, dass ein Clan ohne Visionen wertlos ist.

Werte, die. Wer allein den Shareholder Value ehrt, ist den Clan Value nicht wert. Oder: Ohne Werte kein Clan – davon handelt dieses Buch.

Xenophilie, die. Vorliebe für Fremde, Fremdes. Im Clan eine zwiespältige, daher interessante Angelegenheit. Zum einen ist eine betont positive Grundhaltung fremden Menschen, Kulturen und Clans gegenüber eine Grundlage für das erfolgreiche Agieren des eigenen Clans. Zum anderen muss der Clan im Interesse seiner Mitglieder sich mitunter protektionistisch verhalten: Fremde – also neue Mitglieder, neue Lieferanten, neue Kunden – sollen die alteingesessenen Clan-Mitglieder, Clan-Lieferanten und Clan-Kunden im Idealfall ergänzen, aber keinesfalls verdrängen.

Yakuza, die. Japanische Version der Mafia. Gewalttätig und ge-
fährlich, also ebenso abzulehnen wie auch die italienische
und jede andere Mafia. Aber: Für Cineasten und Clan-Inter-
essierte gibt es einen lohnenden Weg, sich den Geschichten
dieser japanischen Crime-Clans zu nähern – über die Ya-
kuza-Trilogie des Kult-Regisseurs Takeshi Kitano: »Violent
Cop« (1989), »Boiling Point« (1990) und »Sonatine« (1993).

Zettelkasten, der. Gedächtnisstütze beim wissenschaftlichen,
literarischen oder journalistischen Arbeiten. Dabei werden
Informationen, die etwa bei der Lektüre von Büchern geern-
tet wurden, mit genauer Quellen- und Datumsangabe auf
einen Zettel geschrieben und in einem Ordnungssystem für
den künftigen Gebrauch bereitgehalten. Berühmt sind die
Zettelkästen von Arno Schmidt (»Zettels Traum«, Stuttgart
1970) und Niklas Luhmann (»Kommunikation mit Zettelkästen«, Bielefeld 1992). Im Zeitalter der elektronischen Me-
dien vernetzen die Hyperlinks ganze Wissenswelten als Zettelkasten, die im Idealfall auch noch von jedermann genutzt
werden können (Wikipedia). Im vorliegenden Buch kommt
der Zettelkasten als Werkzeug der Kurzweil zum Einsatz:
Wer sich ablenken, weiterbilden oder einfach nur unterhalten will, liest neben dem jeweiligen Kapitel auch die zugehörigen Einträge aus dem Zettelkasten.

Der Clan in Literatur, Musik, Film und Küche.

Der Clan in der Literatur

Wo der Clan herkommt? Wie er anderswo aussieht? Was wir aus seiner Geschichte lernen können? Auf all diese Fragen gibt es natürlich viele Antworten. Hier einige Bücher, in denen ich besonders gute Antworten gefunden habe:

Benton-Banai, Edward: The Mishomis Book.
The Voice of the Ojibway. Indian Country Press, St. Paul, Minnesota 1979

Büchel, Daniel/Reinhardt, Volker (Hg.): Die Kreise der Nepoten. Peter Lang Verlag, Bern 2001

Durkheim, Emile: Über Soziale Arbeitsteilung. Suhrkamp, Frankfurt am Main 1992

Frazer, James George: Der goldene Zweig. Das Geheimnis von Glauben und Sitten der Völker. Rowohlt Taschenbuch, Reinbek bei Hamburg 1989

Lévi-Strauss, Claude: Die elementaren Strukturen der Verwandtschaft. Suhrkamp, Frankfurt am Main 1981

Lévi-Strauss, Claude: Brasilianisches Album.
Hanser, München 1995

Malinowski, Bronislaw: Das Geschlechtsleben der Wilden
in Nordwest-Melanesien. Dietmar Klotz, Eschborn 2001

Malinowski, Bronislaw: Sitte und Verbrechen bei den
Naturvölkern. Humboldt, Wien 1949

Malinowski, Bronislaw: Argonauten des westlichen Pazifik.
Ein Bericht über Unternehmungen und Abenteuer
der Eingeborenen in den Inselwelten von Melanesisch-
Neuguinea. Dietmar Klotz, Eschborn 2001

Mauss, Marcel: Die Gabe. Suhrkamp, Frankfurt am Main 1968

Parin, Paul; Fritz Morgenthaler; Goldy Parin-Matthey: Fürchte
deinen Nächsten wie dich selbst. Suhrkamp, Frankfurt am
Main 1971

Sams, Jamie: The 13 Original Clan Mothers. HarperCollins,
New York 1993

Yamamoto, Tsunetomo: Hagakure. Der Weg des Samurai.
Piper, München 2000

Was man im Clan brauchen könnte? Wo man sich einschlägig
weiterbilden könnte? Wo man weitere Anregungen für den Auf-
und Ausbau des eigenen Clans finden könnte? Zum Beispiel in
diesen Büchern:

Asgodom, Sabine: Eigenlob stimmt. Econ, Berlin 1996

Blanchard, Kenneth; Spencer Johnson: Der Minuten-Manager.
Rowohlt Taschenbuch, Reinbek bei Hamburg 1996

Bowles, Sheldon: Kingdomality. Hyperion Books, New
York 2005

Chase, David: The Tao of Bada Bing!: Words of Wisdom from the Sopranos. Home Box Office, New York 2003

Deal, Terrence E.; M. K. Key: Corporate Celebration, Play, Purpose, and Profit at Work. Berrett-Koehler Publishers, New York 1998

Drucker, Peter F.: Management Challenges for the 21st Century. Elsevier, Burlington, MA 1999

Enkelmann, Nikolaus B.: Das Glückstraining – Probleme in Erfolg verwandeln. mvg, Heidelberg 2003

Flam, Helena: Soziologie der Emotionen. UTB, Konstanz 2002

Greene, Robert: Die 24 Gesetze der Verführung. dtv, München 2004

Greene, Robert: Power. Die 48 Gesetze der Macht. dtv, München 2001

Gross, Peter: Die Multioptionsgesellschaft. (10. Auflage) Suhrkamp, Frankfurt am Main 2005

Gross, Peter: Ich-Jagd. Suhrkamp, Frankfurt am Main 1999

Hennerkes, Brun-Hagen: Die Familie und ihr Unternehmen. Campus, Frankfurt am Main 2004

Kickinger, Viktoria: Danke für die Krise. Echomedia, Wien 2004

Klein, Stefan: Die Glücksformel oder Wie die guten Gefühle entstehen. Rowohlt, Reinbek bei Hamburg 2002

Küstenmacher, Werner Tiki; Lothar J. Seiwert: Simplify your life. Einfacher und glücklicher leben. Campus, Frankfurt 2005

Lasko, Wolfgang W.: Personal Power. Mut zum Handeln,
Goldmann, München 1998

Li, Christine; Ulja Krautwald: Der Weg der Kaiserin. Wie Sie
die alten chinesischen Geheimnisse weiblicher Lust und
Macht für sich entdecken. Scherz, München 2003

Musashi, Miyamoto: Das Buch der fünf Ringe.
Ullstein, Berlin 2005

Pease, Allan & Barbara: Warum Männer nicht zuhören und
Frauen schlecht einparken. Ullstein, Berlin 2006

Reinhardt, Volker: Deutsche Familien. C. H. Beck,
München 2005

Schlembach, Claudia und Hans-Günther: Wie Familienunternehmen die Zukunft meistern können.
Cornelsen, Berlin 2004

Schneider, Anthony: Tony Soprano on Management:
Leadership Lessons Inspired by America's Favorite
Mobster. Berkley/Penguin, New York 2004

Storch, Maja: Das Geheimnis kluger Entscheidungen.
Goldmann, München 2005

von Oech, Roger: Was würde Heraklit tun – Griechische
Weisheiten für den Alltag. O. W. Barth, Bern, Wien,
München 2002

Wimmer, Rudolf et.al.: Familienunternehmen – Auslaufmodell
oder Erfolgstyp? Gabler, Wiesbaden 2005

Wer sich für Management in Theorie und Praxis interessiert, dem seien obendrein die Arbeiten folgender Institute empfohlen:

Das »Schweizerische Institut für Klein- und Mittelunternehmen«, das »Family Business Center« an der Universität St. Gallen und insbesondere die Arbeiten von Frank Halter und Urs Fueglistaller (www.kmu.unisg.ch).

Das »Family Business Network« in Lausanne (www.fbn.ch).

Das Management Zentrum St. Gallen (www2.malik-mzsg.ch)

Ein gutes Buch lesen? Sich einfach unterhalten? Mit einem Krimi über den Clan? Einem Roman? Einem Polit-Reißer? Ganz einfach, wählen Sie:

Hearn, Lian: Der Clan der Otori – eine Trilogie. Der Pfad im Schnee. Der Glanz des Mondes. Das Schwert in der Stille. Carlsen, Hamburg 2003-2005

Kelley, Kitty: Der Bush-Clan. Bertelsmann, München 2004

Levi, Primo: Anderer Leute Berufe. Glossen und Miniaturen. Hanser, München 2004

May, Karl: Winnetou IV. Drittes Kapitel: Am Ohr des Manitou. Karl May Verlag, Bamberg 1984

Nadolny, Sten: Ullsteinroman. Ullstein, München 2003

O'Nan, Stewart: Abschied von Chautauqua. Rowohlt, Reinbek bei Hamburg 2004

Robbins, Harold: Der Clan. Goldmann, München 1990

Sciascia, Leonardo: Der Tag der Eule. dtv, München 1988

Sciascia, Leonardo: Tote auf Bestellung.
Aufbau Taschenbuch, Berlin 2001

Simenon, Georges: Die Flucht der Flamen.
Diogenes, Zürich 1991

Simenon, Georges: Die Witwe Couderc. Diogenes, Zürich 2003

Der Clan im Kino

Im Kino, im Fernsehen, auf Video oder DVD kommt der Clan auch gut. Empfohlen sei hier – aus einer unüberschaubaren Fülle – Folgendes:

»Der Clan der Sizilianer« (1969). Ein Klassiker mit Alain Delon, Jean Gabin und Lino Ventura. Mit Musik von Ennio Morricone. Unter der Regie von Henri Verneuil (»Angst über der Stadt«).

»Der Clan, der seine Feinde lebendig einmauert« (1970). Ein Film von Damiano Damiani mit Franco Nero in der Hauptrolle.

Die TV-Serien zum Clan:
Natürlich »Der Denver-Clan« (1981-1989). Selbstverständlich auch »Falcon Crest« (1981-1990, mit Jane Wymann). Und erst recht die »Sopranos« (seit 1999).

Die Filme aus dem Clan von Jim Jarmusch:
Etwa »Coffee and Cigarettes« (2003, mit den beiden Wu-Tang-Chefs RZA und GZA). Oder »The Last Samurai« (2003, mit musikalischer Unterstützung vom Wu-Tang-Clan und einem Auftritt von RZA).

Und schließlich – ein bisschen exotisch und xenophil – praktisch alle Filme aus dem iranischen Filmemacher-Clan der Makhmalbafs:

>>Reise nach Kandahar<< (2001). Regie: Mohsen Makhmalbaf
>>5 in the afternoon<< (2003). Regie: Samira Makhmalbaf
>>Joy of Madness<< (2003). Regie: Hana Makhmalbaf
>>Osama<< (2003). Produziert von Mohsen Makhmalbaf.

ZETTEL KASTEN

Der Makhmalbaf-Clan

Der Name Makhmalbaf steht in Europa für iranisches Kino. Nicht weniger als fünf RegisseurInnen hat die Familie hervorgebracht.

Samira Makhmalbaf gehört mit ihren 24 Jahren bereits zur cineastischen Elite. Nachdem sie für >>Der Apfel<< (1998) und >>Schwarze Tafeln<< (2000) international mehrfach hoch ausgezeichnet wurde, begab sie sich nun für >>Fünf Uhr am Nachmittag<< ins Nachbarland, in die Kinowüste Afghanistan: In märchenhafte Farben getaucht, verknüpft der Film Einzelschicksale der Nach-Talibanära, wo Not und Hoffnung dicht nebeneinander liegen.

Grenzgängerinnen zwischen traditionellen Erwartungen und Selbstbestimmung zeigt auch Marzieh Meshkinis >>Der Tag, an dem ich zur Frau wurde<< (2000). Drei Episoden entsprechen Kindheit, Jugend und Alter eines iranischen Frauenlebens. Insbesondere die hypnotische zweite Sequenz, in der eine junge Frau gegen das familiäre Gebot an einem Fahrradrennen teilnimmt – dabei immer wieder von ihren männlichen Verwandten inklusive Dorfgeistlichen eingeholt wird und ihnen immer wieder davonradelt –, liefert ein beeindruckendes Beispiel für die Ästhetik des iranischen Arthouse-Kinos.

Mit einem Minimum an technischem Aufwand wird eine Fülle an Atmosphäre, Bedeutung, sozialen Kontexten vermittelt. Beide Filme stammen aus dem Umfeld von >>Kandahar<<-Regisseur Mohsen Makhmalbaf.

Tochter Samira hatte bereits 1987 eine Rolle in Makhmalbafs >>Der Fahrradfahrer<<, die 36-jährige Marzieh Meshkini ist des Meisters zweite Frau und gewesene Schwägerin. Der ehemalige

Propagandafilmer, dessen Biografie einen eigenen Film füllen würde, hat mit seinem »Makhmalbaf Film House« inzwischen eine Art
Monopol im Iran eingerichtet, in dem ein fester Stamm von Ka-
meraleuten und Schauspielern zu immer neuen Projekten zusam-
menkommt. Die Familienmitglieder engagieren sich dabei gegenseitig für Drehbuch, Stand-Fotografie, Regieassistenz, Makhmalbaf
selbst versucht sich momentan verstärkt als Produzent.

Dieses kollektive Kino bietet die Möglichkeit, dem rigiden iranischen Zensurapparat eigene – teilweise nach Europa ausgelagerte
– Strukturen entgegenzusetzen; überdies fördert Makhmalbaf mit
einer eigenen Filmschule den kreativen Nachwuchs. Der afghani-
sche Film »Osama«, das Anti-Taliban-Plädoyer von Siddiq Barmak,
kam durch die intensive Unterstützung Makhmalbafs zustande.

Die Clanbildung treibt immer neue folkloristische Blüten, meist
gleicher Machart: Denn die ersten Absolventen der »Makhmalbaf
Film School«, die Festival-Stars von morgen, sind die eigenen Kinder des Regisseurs. Der 22-jährige Maysam drehte mit »How Samira made the Blackboard« ein Porträt seiner berühmten Schwester.

Das Nesthäkchen Hana hat nach einigen Fotoarbeiten, Ge-
dichtbänden und einem bereits im zarten Alter von neun Jahren
verfassten Kurzfilm nun »Joy of Madness« vorgelegt, ein Making of
von Samiras »Fünf Uhr am Nachmittag«.

(Amin Farzanefar, in: fluter.de, 30. 6. 2004)

Der Clan in der Musik.

Hören Sie, was Sie wollen. Aber hören Sie sich auf jeden Fall auch an, wie die Clans Musik machen. Hier ein paar Tipps für Eilige:

Von Adriano Celentano, noch frisch: »C'e Sempre un Motivo« (2004)

Von der »Biermösl Blosn«, alt, aber gut: »Tschüß Bayernland« (CD 2004)

Von ihren Schwestern, den »Wellküren«: »Wellness« (2004)

Von »G. Rag Y Los Hermanos Patechekos«: »Radio Tijuana« (2004). Oder »Musik für München« (2004)

Von der Jobarteh Kunda: »Ali Keja« (2003)

Und vom Wu-Tang Clan: »Enter The Wu-Tang (36 Chambers)« (1994) oder »Legend of the Wu-Tang« (2004)

Der Clan in der Küche.

Weil der Clan auch an Leib und Seele für Wohl sorgen soll, will ich meine Tipps mit einem letzten Ausflug entsprechend abrunden:

Es war Herbst. Ein schönes Wochenende. Aber jetzt, am mittleren Nachmittag, zog langsam Nebel auf. Unseren Ausflug durch das nördliche Weinviertel wollten wir im Retzbacherhof ausklingen lassen: Den Wirt, Harald Pollak, den ich Ihnen in diesem Buch bereits kurz vorgestellt habe, kannten wir. Er hatte früher in Wien ein Restaurant im Burgtheater bestens geführt.

Jetzt wollten wir schauen, was er in Unterretzbach treibt – direkt an der tschechischen Grenze, in einer Gegend, die von erstklassigen landwirtschaftlichen Produkten überquillt, aber seit vielen Jahren schon kein anständiges Gasthaus mehr zu bieten hatte.

Bis der Pollak-Clan auf den Plan trat: Mit seiner Frau Sonja und der Unterstützung von Familie und Freunden hat Harald Pollak ein verfallenes Gasthaus renoviert und revitalisiert. Und jetzt wird dort nach dem Clan-Prinzip eingekauft, gekocht, serviert und eben bewirtet:

Der Vater des Wirtes kümmert sich während der Woche um seine Weingärten und den Weinkeller, am Wochenende steht er im Retzbacherhof und schenkt aus. Die Mutter des Wirtes betreibt einen Bauernladen (www.pollak.co.at), den sie mit eingelegtem Gemüse, mit Schweinefleisch und Würsten, mit Obst, Fruchtsäften, Weinen, Schnäpsen und anderen Spezialitäten aus eigener Produktion bestückt. Jetzt beliefert sie auch den Retzbacherhof. Die Schwester des Wirtes ist Konditorin. Selbstverständlich backt sie nun auch für ihren Bruder. Der Schwager ist Weinbauer – sein »Gelber Muskateller« ist Legende und im Retzbacherhof zu verkosten. Dass zum Clan auch noch ein halbes Dutzend bester Freunde des Wirtes und der Wirtin gehören, versteht sich von selbst: Die sind – abwechselnd, aber regelmäßig – kellnernd, Spanferkel bratend oder sonst arbeitend im Retzbacherhof anwesend.

Nachdem Harald Pollak eben erst für seine Küchenkünste mit diversen Feinschmecker-Auszeichnungen geehrt worden war, habe ich ihn um seine Mithilfe gebeten: Ein Menü sollte es sein, das seine Clan-Verbundenheit in der Auswahl der Produkte zeigt. Ein Festessen, das im traditionellen Küchenplan der Pollak-Familie verankert ist und auch bei Clan-Anlässen nachgekocht werden kann. Ein Menü, das so ähnlich auch im Retzbacherhof bestellt werden könnte (www.retzbacherhof.at).

Voilà, guten Appetit: ein Clan-Menü – zusammengestellt von Harald Pollak, Haubenkoch und Wirt des Retzbacherhofes in Niederösterreich:

Eingelegte rote Rüben auf böhmischen Rahmdalken mit frischem Kren

* * *

Cremige Rieslingsuppe mit Zimt-Blätterteiggebäck

* * *

Geschmortes Backerl (Wangerl) und rosa gebratenes Filet vom Hausschwein mit Schmorgemüse und Weißweinkraut

* * *

Flaumige Topfen-Nougatknödel mit Butterbrösel und Rumweichseln

ZETTEL KASTEN

Das Rezept für das Clan-Menü
(berechnet für vier Portionen)

Einkaufsliste für das »Geschmorte Backerl und das rosa gebratene Filet vom Hausschwein mit Schmorgemüse und Weißweinkraut«

4 Stück Medaillons vom Schweinefilet à 120 g
4 Stück Schweinsbackerl (Wangerl)
Grobes Salz

Frisch gemahlener schwarzer Pfeffer

Frischer Rosmarin gezupft und gehackt

1 TL getrockneter Majoran

1 EL Mehl

Olivenöl

4 Knoblauchzehen geviertelt

3 große Karotten, geschält und in dickere Scheiben geschnitten

6 Selleriestangen, geviertelt und in feinere Scheiben geschnitten

3 Stück gelbe Rüben, geschält und in grobe Scheiben geschnitten

1 Knolle Sellerie, geschält und in ca. 2 cm große Würfel geschnitten

4 Stück kleine Zwiebeln, geschält und geviertelt

1/2 l trockener Rotwein

1 Dose (ca. 400 g) geschälte, ganze Tomaten

1 Hand voll frisch gehackte Kräuter

Die Backerl mit Salz und Pfeffer würzen. Den gehackten Rosmarin und Majoran andrücken. Mit Mehl bestäuben.

Eine Pfanne mit dickem Boden erhitzen, das Öl hinzufügen, das Fleisch von allen Seiten anbräunen, herausnehmen.

Karotten, Stangensellerie, gelbe Rüben, Sellerie und Zwiebeln sowie Knoblauch mit einer Prise Salz in die Pfanne geben und ebenfalls anbräunen. Mit dem Rotwein ablöschen und etwas einreduzieren lassen.

Tomaten hinzufügen und zwei Minuten köcheln lassen.

Mit Schweinsbackerl komplettieren und zugedeckt im Herd bei 180 Grad ca. 90 Minuten schmoren.

Fett abschöpfen und das Gemüse abschmecken. Zum Schluss die grob gehackten Kräuter untermischen.

Das Schweinefilet mit Salz und Pfeffer auf beiden Seiten würzen. Etwas Öl in einer Pfanne mit dickem Boden erhitzen. Die Medaillons auf beiden Seiten scharf anbraten. Aus der Pfanne herausnehmen und auf einem feuerfesten Teller ca. 10 Minuten rasten lassen. Im Herd bei 180 Grad 6 Minuten fertig braten.

Die Clans – Ein Register.

Der Zettelkasten – Ein Register.

Die letzte Tür

So dankt der Clan.

»Leider lässt sich eine wahrhafte Dankbarkeit mit Wor-
ten nicht ausdrücken.«
(Johann Wolfgang von Goethe, Brief an die
Fürstin Gallitzin vom 6. 2. 1797)

Eine Menge Bücher habe ich in die Hand genommen. Manche
von der ersten bis zur letzten Seite gelesen. In andere habe ich
nur hineingeschmökert. In vielen geblättert. Was mich jedoch
immer interessiert hat, war die Danksagung: Wie bedankt sich
einer, der ein Buch geschrieben hat, bei denen, die ihm geholfen, es vielleicht erst ermöglicht haben? Meist war ich nicht zufrieden mit dem Weg, den die Autoren dieser Bücher gewählt
haben. Manchmal war mir die Sache peinlich: So viel wollte ich
dann auch wieder nicht wissen vom Dankenden. Manchmal
hatte der Dank auch den strengen Geruch von Unaufrichtigkeit.
Wirklich gut war er in den seltensten Fällen.

Nun denn, hier stehe ich und kann nicht mehr anders: Es gilt, am Grat zwischen Wahrhaftigkeit und Pflichterfüllung nicht abzustürzen.

Nichts ist selbstverständlich. Vieles ist ein Geschenk, das ich dankbar und mit Freude annehme. Ein Geschenk von den Menschen, die mir auf dem Weg zu diesem Buch zur Seite gestanden sind.

Da ist einmal die Dame, die uns schon seit Jahrzehnten predigte, wir seien Angehörige des Heller-Clans: Meiner Mutter danke ich für ihre Dominanz, die mich zum Widerspruch angeregt hat. Mein Vater war, solange er lebte, mein intellektueller Sparrings-Partner. Unsere Familie, unser Clan war unsere Basis. Auch dafür habe ich beiden zu danken.

Im Detail wird es schwieriger – wie schafft man es, niemanden auszulassen? Und doch ein Ende zu finden?

Ein Versuch: Drei Männer, drei Generationen. Gerd Kellermann danke ich für seine oft wiederholte Anregung, meinen Selbstausdruck zu üben (»Drücke aus, wer du bist, sonst kriegt es keiner mit«). Ernst Schmiederer danke ich, weil er mich bei der Entwicklung dieses Buches redaktionell bestens beraten und beim Verfassen mit seiner journalistischen Kreativität kräftig unterstützt hat. Meinem Sohn Tobias danke ich, weil er mich immer wieder überrascht und auch dadurch zu einer stolzen Mutter macht.

Die Idee zu diesem Buch kam spontan – doch ohne Alfred Autischer, den charismatischen Chef der PR-Agentur Trimedia, wäre es mir nie in den Sinn gekommen, dieses Buch auch wirklich zu schreiben. Dafür danke ich ihm.

Dem Econ Verlag danke ich, weil ich in seinen Mitarbeitern meine Wunschpartner gefunden habe. Silvie Horch danke ich für Ihre Geduld und Beharrlichkeit; ich wusste vorher nicht, wie wichtig die Arbeit des Lektorats ist. Dem gesamten Team um Jürgen Diessl danke ich, dass sie sich auf mich, meine Dynamik und Hartnäckigkeit so gut gelaunt und professionell eingelassen haben.

Ebenso bedanke ich mich bei Rosebud, Inc., dem Designer-Team um Ralf Herms und Fritz Magistris, für ein schönes Buch, merci!

Jetzt zum Clan: Der innere und der äußere Kreis, sie alle haben mir enormen Rückhalt geboten – dafür danke ich allen. Meine Tochter Natalie hat mich mit ihrem erfrischenden Wesen bei Laune gehalten und mich nebenher in die Welt des Kinos eingeführt. Meinen Schwestern danke für ihre Bodenständigkeit (Lolo) und Phantasie (Monika). Meine Assistentin Martina Keuschnig hat die ersten Tonbandprotokolle getippt und sich auffällig jeden Kommentar verkniffen: Danke, Martina, jetzt ... Mein Team im Wiener Büro hat mir über Monate hinweg den Rücken freigehalten. Unterstützung und Input habe ich von Angehörigen des Heller-Clans in Wien und Dubai, in der Schweiz und in Deutschland bekommen.

Und selbstverständlich danke ich auch all jenen, denen ich die Lehren und Erfahrungen zu verdanken habe, die in dieses Buch Eingang gefunden haben. Meiner Nichte Katharina, die mir – ihrer Mentorin – so viel beigebracht hat. Meiner Freundin Viktoria, die mir zu einem Geschenk für einen Scheich verholfen hat. Meinem langjährigen Coach und meiner besonderen Freundin Hedy Schreder für ihr kritisches Auge zu Antreibern und Rangdynamik. All das ist schon eine Weile vergangen – beim Entstehen des Buches im vergangenen Jahr habe ich alles noch einmal durchlebt. Dafür allen Beteiligten ein herzliches Dankeschön.

Wie also dankt der Clan? Wie bindet eine Clan-Chefin all jene Menschen ein, die zum Werden eines solchen Projekts beigetragen haben? Einmal so, wie Sie es auf diesen Seiten hier lesen können. Und dann mit einem Fest für den Clan, für die Menschen im Clan. Schließlich mit Sensibilität und Passion. Mit

Respekt und freund-
lichem Lachen. Mit
Brot und Spielen.

Einen besonderen
Dank all jenen ande-
ren Clans, die durch
ihr Vorbild zeigen,
dass es sich lohnt, im
Clan zu leben, zu
arbeiten, zu wirken.
Den von Allmens
also, den Celentanos,
den Haniels,
den Jarmuschs,
den Bonniers,
den Sopranos,
den Essls,
den Ullsteins ...
Außerdem und
nicht weniger
besonders Alfred Autischer Andrea Frais-Kölbl Brigitte Bliem Brigitte Fischer Brigitte Hueber Brigitte Ratcliffe Brigitte Ziemendorf Caren Miserra Christa Heller Christina Klein-Bissett Claudia Grell Dieter von Allmen Doris Korinek Edit Schlaffer Franz Prassl Fritz Magistris Isabella Ohlicher Isabelle Starkbaum Katrin Mackowiak Martina Keuschnig Monika Heller Nicole Nemec Sabine Seidl Silvie Horch Veronika Wieser

Clan Value   Die letzte Tür

Christa Danner

Claudia Riedmann   Clemens Rarrel   Daniel Nufer

Ella Ryborz   Elvira Rarrel   Ernst Schmiederer   Eva Friesenhahn

Gabriele Stowasser   Gerd Kellermann   Hans Spann   Hedy Schreder

Johanna Zugmann   Juliane Brümmer   Jürgen Diessl   Katharina Pitzal

Konstanze von Allmen-Obrowski   Lolo Pitzal   Madhu Einsiedler   Martina Amon

Monika Leitner   Natalie Kutschera   Nico Nufer

Nicole Tschernitsch   Otto Heller   Peter Gross   Ralf Herms   Renate Weber

Susanna Wieseneder   Tobias Kutschera   Veronika Pelikan

Viktoria Kickinger   Werner Albeseder   Wolfgang Gosch

Wolfgang Pitzal   Yvonne Reif   ...

Danke, Clan!

HELLER ✦ BELEUCHTET

Erobern Sie die Welt der Clans!
www.clanvalue.com

Liebe Leserin, geschätzter Leser!

Ich hoffe, dass es mir mit diesem Buch gelungen ist, Ihr Interesse am Clan Value zu wecken. Selbstverständlich stehen wir Ihnen auch weiterhin mit Rat und Tat zur Seite.

Gerne erfrische ich Geist und Herz Ihrer Clan-Mitglieder – also Ihrer Kunden, Ihrer Gäste und Mitarbeiter, Ihrer Verwandten und Geschäftspartner – mit einem Vortrag, einer Lesung oder einem individuell geplanten Event rund um den Clan Value. Schreiben Sie mir! Ich freue mich auf Ihr Feedback.

Mit den besten Wünschen für den Aufbau Ihres eigenen Clans,

Elisabeth Heller

Elisabeth Heller

Kontakt:
elisabeth.heller@clanvalue.com
Heller Consult GmbH
Tax and Business Solutions Management Consulting
Deutschland, Österreich, Schweiz, Vereinigte Arabische Emirate
www.hellerconsult.com

Econ ist ein Verlag der Ullstein Buchverlage GmbH

ISBN-13: 978-3-430-14258-8
ISBN-10: 3-430-14258-X

© Ullstein Buchverlage GmbH, Berlin 2006
Alle Rechte vorbehalten.
Konzept & Redaktion: Ernst Schmiederer, Wien
Gestaltung: Rosebud, Inc., Wien
Druck und Bindung: Clausen & Bosse, Leck
Printed in Germany

Wir danken allen Rechteinhabern für die Erlaubnis zum Abdruck der
Zitate. Trotz intensiver Bemühungen war es nicht möglich, die Rech-
teinhaber für die Zitate auf den Seiten 124 und 157 zu ermitteln. Wir
bitten diese, sich an unseren Verlag zu wenden.

»Was würdest du tun, wenn du König in deinem Unternehmen wärst?«

Henry Walter · **Der König der Kunden**
Eine fabelhafte Geschichte über Begeisterung, Vertrauen und das gewisse Etwas
184 Seiten · gebunden · 13,5 x 21,5 cm · € [D] 14,95/ € [A] 15,40/sFr 26,80
ISBN 13: 978-3-430-19491-4 · ISBN 10: 3-430-19491-1

Wer kennt nicht den ganz normalen Arbeitsfrust? Auch Leo hat Stress im alltäglichen Hamsterrad – bis er auf eine seltsame alte Frau trifft, die ihm die Augen für eine andere Art des Arbeitens öffnet. Leo taucht ein in die zauberhafte Welt des Musicals »Der König der Löwen« und kommt so dem Erfolgsgeheimnis von Königen auf der Bühne und im Büro auf die Spur. Am Ende weiß er, wie sich Perfektion und Kreativität, Begeisterung und Teamarbeit miteinander verbinden lassen – und hat endlich wieder Spaß an der Arbeit.

Was Theoretiker hassen und Praktiker brauchen

Daniel Zanetti · **Vom Know-how zum Do-how**
Ein Buch für Macher
256 Seiten · gebunden mit Schutzumschlag · 13,5 x 21,5 cm
€ [D] 19,95 / € [A] 20,60 / sFr 35,00
ISBN 13: 978-3-430-19993-3 · ISBN 10: 3-430-19993-X

Wie kommt es, dass so viele Menschen fachlich Einsteins, aber sozial nur Azubis sind? Weshalb sind schlechte Verkäufer auch schlechte Liebhaber? Weshalb gehen vielen Managern die Innovationen aus wie den Taxifahrern die Deodorants? Weil sie alles wissen, aber nichts davon in die Tat umsetzen können. Daniel Zanetti zeigt mit verblüffend einfachen Ideen, wie aus Know-how Do-how wird. Ein Buch für alle, die von Alleswissern und Nichtskönnern im Job die Nase voll haben!

Vom Anfänger zum Finanzprofi

René Klaus Grosjean · **Wie lese ich eine Bilanz?**
Ein Crashkurs für Nicht-Fachleute · (13. aktualisierte und erweiterte Auflage)
300 Seiten · gebunden mit Schutzumschlag · 13,5 x 21,5 cm
€ [D] 25,00/ € [A] 25,70/sFr 44,00
ISBN-13: 978-3-430-13539-9 · ISBN-10: 3-430-13539-7

Sie sind kein Mathe-Genie und haben nicht BWL studiert, müssen sich aber trotzdem mit Bilanzen plagen? Dieser Klassiker bringt Rettung in der Not, denn er bietet leicht verständliche Innenansichten und Beispiele aus dem Rechnungswesen von Unternehmen – auf dem neuesten internationalen Stand. Finanzexperte Grosjean hat sein Buch nicht für eingeweihte Wirtschaftsprofis und Zahlenfüchse geschrieben, sondern für diejenigen, die es erst noch werden wollen – oder müssen...

Strategisch zum Erfolg

Ingmar P. Brunken · **Die 6 Meister der Strategie**
und wie Sie beruflich und privat von ihnen profitieren können
260 Seiten · gebunden mit Schutzumschlag · 13,5 x 21,5 cm
€ [D] 19,95/ € [A] 20,60/sFr 35,00
ISBN-13: 978-3-430-11573-5 · ISBN-10: 3-430-11573-6

Die Klassiker der Erfolgsstrategien sind auch heute noch ein wertvoller Schatz.
Doch wer hat die Zeit, sie im Original zu lesen? Erstmals stellt Ingmar P. Brunken
die wichtigsten »Lebensstrategen« aus Ost und West in einem Band vor: ihre
Stärken und Schwächen, anschaulich mit lebendigen Beispielen, für jedermann
anwendbar. Clausewitz, Hagakure, Macchiavelli, Musahi, Seneca und Sun-Tsu:
ein Muss für alle, die wissen wollen, welches der für sie passende
Weg zum beruflichen und privaten Erfolg ist.